조명
인테리어
셀프
교과서

✳

공간과 일상이 빛나는
스탠드, 레일, 포인트, 펜던트
조명 연출법

조명
인테리어
셀프
교과서

김은희 지음

보누스

조명을 바꾸면
우리 일상의 감성이 바뀐다

"건축을 전공한 사람이 왜 조명 설계를 하고 있어?"

많은 사람이 묻는 말이다. 대학에서 건축을, 대학원에서는 건축 계획을 전공했다. 건축이 좋았고, 건축을 공부하는 건 늘 즐거웠다. 그런 나를 조명의 세계로 이끈 건 건축사 강의였다. 건축사 강의는 들을 때마다 매번 설레었고 흥미로웠다.

문명 이전의 사회에서 집이란 추위와 비를 막아주는 '구조'가 중요한 생활 공간이었다. 그런데 역사와 문화가 발전하면서 '구조'를 넘어선 집의 장식, 즉 인테리어에 신경을 쓰기 시작했다. 국가가 문화를 꽃피우고 선진국 대열에 들어서면 낮만큼 밤의 활동이 중요해진다. 밤의 감성이 중요하다는 인식이 생기고 인테리어의 꽃인 '조명'을 신경 쓰며 공간이 빠르게 변화한다. 조명이 건축과 인테리어의 필수 요소로 떠오르는 것이다.

건축의 역사에서 조명의 등장은 강렬하게 다가왔다. 이 강의 덕분에 '빛을 담고 있는 오브제'인 조명에 남다른 애정을 가지는 건축인으로 거듭났고, 조명이 공간에 주는 가치를 널리 알려야겠다는 사명감이 생겼다.

'조명'이라는 단어를 인터넷에 검색하면 많은 기사가 흘러나온다. 개인뿐 아니라 기업과 정부 기관에서도 조명에 많은 관심을 쏟는다

인천대교 인천대교의 조명이 영종도의 야경을 바꾸었다.

는 것을 알 수 있다. 해외 사례를 연구하면서 조명을 바꾸면 공간이 특별하게 바뀐다는 사실을 깨달은 것이다. 대기업에서 사옥을 건립할 때도 조명 설계에 많은 시간과 비용을 투자한다.

영종도와 송도국제도시를 연결하는 인천대교를 만들 때, 조명 디자인 작업에 참여했었다. 호주 시드니대학교의 교수 겸 조명 설계가가 함께하고, 고가의 유럽 제품을 사용해 멋스러운 경관 조명을 만들어냈다. 인천대교의 경관 조명은 인천국제공항을 오가는 모든 이에게 밤의 찬란한 감성을 제공하고 동시에 인천의 이미지와 풍경을 바꿔놓았다.

조명은 공간의 완성이다. 조명을 바꾸면 공간이 특별하게 바뀐다. 조명은 건축과 인테리어의 의미를 넘어서 예술적인 사회 분위기를 만드는 최종 요소로 작용한다.

조명으로 느낄 수 있는 행복을 미루지 말자

대부분의 사람은 집을 꾸미는 것에 대해 이렇게 생각한다.

"인테리어? 조명? 내 집이 생기면 정말 멋지게 꾸며야지!"

우선 내 집 마련부터 하고 인테리어는 그 다음이라는 생각을 하면서 집을 꾸미는 일은 멀리 미뤄진다. 하지만, 옷도 젊을 때 입어야 이 옷 저 옷 걸쳐보면서 잘 어울리는 옷을 찾듯, 집도 다양한 스타일로 꾸며보며 살아야 한다. 특히 아이가 태어나면 공간에 더더욱 신경을 써야 한다. 아이는 사는 공간에 더욱 큰 영향을 받는다. 유럽 아이의 감성과 창의성이 풍부한 이유는 사는 공간이 아름답기 때문이라는 사실을 수많은 연구와 논문에서 밝힌 바 있다.

20대 초반, 출퇴근을 편하게 하기 위해 서울 신림동에 자취방을 얻었다. 남들처럼 평범하게 자취 생활을 시작했는데, 어느 순간 나만의 공간을 꾸며야겠다는 생각이 들었다. 과도한 업무량 때문에 집에서만이라도 아늑하고 편안하게 지내고 싶었다. 주말에도 사람 많은 곳에 가기보다 집에서 조용히 쉬고 싶었다.

그런데 막상 공간을 꾸미려고 마음을 먹자 걱정이 앞섰다. '자취방인데 너무 뜯어고쳐서 나중에 주인이 복구하고 나가라 하면 어쩌지?' 그래서 생각한 게 천과 조명의 활용이었다. 동대문에서 제일 저렴한 커튼 속지를 주문해 행거와 주방을 가렸다. 플로어 스탠드도 하나 가져다놓았다. 주말에는 플로어 스탠드의 은은한 불빛 아래서 차도 마시고, 영화도 보고, 친구와 통화도 하며 너무나 행복했다.

내 집이 아니라는 이유로 공간에서 느낄 수 있는 행복을 미루지 말자. 할 수 있는 모든 시도를 통해 나만의 아름다운 공간을 만들기 바란다. 작은 시도만으로도 공간이 드라마틱하게 변하고, 점점 행복해지는 자신을 발견할 수 있을 것이다.

호텔에 가면 아늑하고 편안하며 대접받는 느낌을 받는다. 집으로 돌아오면 여행지에서 들렀던 호텔이 그리워진다. 호텔에서 기분이 좋은 이유는 단연코 조명 때문이다. 조명의 중요성을 가장 잘 인식하고, 조명을 제일 훌륭하게 활용하는 공간이 호텔이다.

'호텔처럼 인테리어를 한다고? 에이, 돈이 많이 들어서 어렵겠어.'

많은 사람이 이렇게 생각할 것이다. 호텔에서 진행하는 프로젝트에 많이 참여한 사람으로서 말하건대 호텔처럼 공간을 꾸미는 데에는 돈이 많이 들지 않고 어렵지도 않다. 조명만 조금 신경 써도 분위기가 달라진다. 정말 그뿐이다. 호텔이라고 비싼 고급 조명만 사용하는 것은 아니다. 물론 장식적으로 힘을 줘야 하는 샹들리에나 메인 조명

역삼동 오월호텔(왼쪽), 제주 빌로우비치호텔(오른쪽) 호텔 조명의 기본은 간접 조명과 매입 조명이다. 호텔이라고 고가의 조명만 사용하는 건 아니다. 두 호텔 모두 절반 정도는 가성비 좋은 조명을 사용했다.

한두 가지는 억 소리가 나지만, 1만 원 이하의 조명으로도 충분한 효과를 낸다.

로비, 콘퍼런스룸 같은 주요 공간에는 고가의 조명을 사용하고 복도, 화장실, 세탁실 같은 서비스 공간에는 가성비 좋은 조명을 사용했다. 가성비 좋은 조명을 보더라도 빛이 아름답다는 생각이 들지 '화장실에 이런 싸구려 조명을 사용했어?'라는 생각은 들지 않는다. 집도 마찬가지로 포인트 주고 싶은 공간의 조명은 예산을 좀 더 들이고 나머지 공간은 가성비 좋은 조명을 사용한다면 돈을 많이 들이지 않아도 충분히 아름다운 공간을 만들 수 있다. 조명과 공간에 애정과 관심을 쏟자. 어느 순간 우리 집이 호텔처럼 아름답게 변해 있을 것이다.

낮에도 밤에도 아름다운 공간에서 살자

2010년, 독일에서 조명 전시회를 돌아보고 있었다. 전시회 마지막 날 아침에 팀장님이 "당분간 한국에 못 가겠는데?"라고 말했다. 처음에는 농담인 줄 알았는데 아이슬란드에서 화산이 폭발해서 정말 비행기가 못 뜬단다. 회사에서도 장기전이 될 것 같으니 저렴한 외곽 도시로 숙소를 옮기라고 했다. 근처 소도시로 옮겼고, 그곳에서 운 좋게도 회사 분의 지인 부부를 만나 독일의 실제 생활을 살펴볼 수 있었다.

집을 짓고 꾸미는 데 관심이 많은 부부였다. 집 뒤편으로 남동생이 집을 짓고 있다 해서 가봤는데 직접 재료를 사 와서 주말마다 손수 집을 만들고 있었다. 독일은 주택을 지을 때 재료 모듈화가 잘 되어 있어서 손수 집을 짓는 사람이 많다는 걸 이때 처음 알았다. 물론 설비 같은 어려운 공정은 전문가의 도움을 받지만 말이다. 특히 부인이 공간에 관심이 많았는데 집을 짓고 나서 제일 신경 쓰는 부분이 조명이라고 했다. 대화를 나누면서 문화가 발전한 나라일수록 조명에 관심과 애정이 크다는 사실을 알았다.

그 부부는 조명 자체를 굉장히 간단한 인테리어 소품으로 생각하고 있었다. 계절이 바뀌면 커튼을 바꾸듯, 스탠드 조명을 2~3년 쓰고 지루해지면, 스탠드 조명도 바꾸고 거실 메인 샹들리에도 바꾸는 식으로 집에 애정을 가지고 돌보며 살아가고 있었다.

이와 달리 우리나라에서는 인테리어를 한 번 제대로 해두고 오래 유지하려고 한다. 하지만 유행은 매년 바뀌고 시간이 흐르면서 자신의 안목도 변한다. 공간에서 살아가는 구성원이 나이 들기도 하고, 구성원이 줄기도 늘기도 한다. 공간은 사는 사람에 맞춰 꾸준히 바뀌어야 한다. 공간이 함께 성장해야 사는 사람의 삶의 질도 높아진다.

공간을 가장 쉽게 변화시킬 수 있는 것이 조명이다. 한 가지 요소를 바꾸어서 드라마틱한 효과를 얻을 수 있다. 여태까지 내 집이 아니라는 이유로 인테리어와 조명을 바꾸지 못한 게 아니다. 나중에 할 일로 미루고 우선순위에 두지 않았을 뿐이다. 조명에 관심과 애정을 보이고 지금부터 조금씩 바꾸어 나간다면 모두 항상 멋진 집에 살 수 있다.

조명을 바꾸면 공간의 감성이 바뀌고 사는 사람의 감성도 바뀐다. 아름다운 조명이 놓인 공간에서 감각적인 감성의 소유자로 살아가자. 이 책을 읽고 낮에도 밤에도 아름다운 공간에서 감성을 느끼며 살기 바란다.

조명 설계가
김은희

조명을 고르는 감각부터 기르다

셀프 조명 인테리어, 어떻게 시작할까?

따라만 하면 끝나는 셀프 조명 인테리어

셀프 조명 인테리어 시뮬레이션

조명의 종류와 역할

① 간접 조명

얇고 긴 스트립 타입의 조명을 천장이나 벽면의 숨은 공간에 설치해 천장이나 바닥 또는 벽면에 반사된 빛을 활용하는 방식이다. 간접 조명은 다른 조명보다 효율이 낮아 예전에는 선호하지 않았지만, 최근 효율 좋은 LED 조명이 보편화되며 활용도가 매우 높아졌다.

간접 조명은 빛이 실내에 부드럽게 퍼지므로 은은하고 고급스러운 효과를 누릴 수 있다. 간접 조명을 공간에 많이 활용할수록 조도, 즉 밝기가 균등해지고 음영이나 눈부심이 적어진다.

② 레일 조명·트랙 조명·스포트 조명

레일 조명·트랙 조명·스포트 조명은 공간에서 특정하게 밝게 비추고자 하는 부분을 강렬한 광선으로 비추도록 설계한 조명이다.

현장에서 통용되는 의미로 설명을 하면 스포트 조명은 천장이나 벽면에 고정하여 원하는 지점을 강하게 비추는 것을 의미한다. 레일 조명과 트랙 조명은 조명 기구를 쉽게 이동시킬 수 있는 레일을 천장에 길게 설치해 원하는 지점을 강하게 비추는 조명을 의미한다. 레일 조명과 트랙 조명은 위치를 마음대로 바꿀 수 있어서 현장에서 다양하게 활용한다.

③ 실링라이트·직부 조명

천장에 부착하는 조명 기구를 의미한다. 때로 조명 기구의 반 또는 일부가 천장 속에 매입될 수도 있다.(반직부 조명·반매입 조명)

겉으로 보기에 조명 기구가 노출되어 붙어 있는 것처럼 보이면 실링라이트·직부 조명이라 부른다. 흔히 생각하는 방등과 거실등이 실링라이트·직부 조명에 속한다.

④ 샹들리에

천장에 장식 효과를 목적으로 두는 조명 기구를 의미한다. 공간을 비추는 역할뿐만 아니라 실내 장식 포인트로써 중요한 역할을 한다. 호텔의 로비나 연회장 등에 주로 사용했는데, 요즘은 공간의 볼륨감이 필요한 레스토랑이나 집 거실에도 많이 사용되는 추세다.

⑤ 다운라이트·매입 조명

천장을 타공하고 매입하는 조명 기구를 의미한다. 빛이 보통 아래로 비추어지며 소형의 다운라이트·매입 조명을 주로 사용한다. 예전에는 상업 공간이나 주거 공간에서 공간이 협소한 복도나 욕실 등에 사용했으나 최근에는 다양한 디자인의 다운라이트·매입 조명이 생산되어 거실이나 방에도 사용하는 추세다.

⑥ 펜던트 조명·식탁 조명

체인, 전선, 파이프 등을 활용하여 조명을 천장에서부터 늘어뜨려 장식적인 요소로 사용하는 조명 기구를 의미한다. 볼륨감 있는 형태의 조명은 단독으로 사용하고 심플한 형태의 조명은 여러 개 사용한다. 카페나 로비에 주로 사용했으나 최근에는 가정의 식탁 위나 침실, 욕실 등 공간의 콘셉트에 따라 다양하게 활용하는 추세다.

⑦ 벽등·브라켓 조명

벽면에 직접 부착하는 조명 기구를 의미한다. 공간에 포인트를 줄 때에 주로 사용하며 침대 헤드보드에 많이 사용한다. 최근에는 복도, 거실, 현관 등 강조가 필요한 공간에도 사용하는 추세다.

⑧ 풋 라이팅

벽 하부에 설치해 발 근처를 비추는 조명을 의미한다. 빛이 벽 하부와 바닥을 비추기 때문에 공간에 은은한 감성과 볼륨감을 동시에 준다. 주로 긴 복도나 계단에 사용하며 밤중에 조도를 확보하면서 아늑한 분위기도 자아낼 수 있다.

⑨ 플로어 스탠드(장 스탠드)

바닥에 설치하는 길이가 긴 스탠드 조명을 의미한다. 거실이나 호텔 로비처럼 넓은 공간에 주로 사용한다. 공간을 밝게 비추면서도 분위기 있는 실내 공간을 연출할 수 있다. 활장처럼 휘어진 형태나 선반을 놓는 등 디자인과 활용성이 다양한 제품도 출시하는 추세다.

⑩ 테이블 스탠드(단 스탠드)

테이블이나 장식장 위에 올려놓고 사용하는 스탠드 조명을 의미한다. 주로 침대 협탁 위에 사용했으나 크기가 크지 않고 배치가 자유로워 다양한 공간에 활용한다. 공간의 특정 부분을 분위기 있게 밝혀주는 역할을 주로 맡는다. 독특한 디자인과 다양한 소재의 테이블 스탠드를 많이 생산하는 추세이므로 앞으로 공간에서 가장 활용도가 높을 것이라 예상하는 조명이다.

⑪ 무드등

무드등은 상시로 사용하기보다는 특정한 용도에 맞춰 사용한다. 주로 공간에 원하는 분위기를 부여하기 위한 목적으로 사용된다. 실내나 야외 공간에서 무드등을 활용한다면 감성적이면서 따뜻한 분위기의 공간을 조성할 수 있다.

셀프 조명 인테리어를 위해
기억해야 할 네 단계

조명을 교체하는 건 쉬운 일이다. 누구나 조명을 원하는 곳에 쉽게 설치할 수 있다. 전문가와 꼼꼼히 의논해가며 진행한다면 스트레스 받을 일도 없고, 대충 쉽게 설치하여 마음에 들지 않는 공간을 만들 일도 없다. 화성에서도 인간이 살 수 있다는 가능성이 제기되고 있는 21세기에 원하는 조명 하나 마음대로 못 달아서야 되겠는가? 전문가와 상담하여 내가 원하는 조명을, 원하는 위치에 달 수 있도록 의뢰하면 좋다. 간단한 교체라면 직접 해도 된다. 네 단계를 잘 숙지하고 조명 공사를 진행하면 생각보다 어렵지 않게 즐기면서 셀프 조명 인테리어를 진행할 수 있을 것이다.

1단계: 전기기사 선정

'조명 설계 전문가는 최고의 전기기사를 부르겠지.'라고 생각할 수도 있다. 하지만 아니다. 함께 프로젝트를 진행하는 전기기사는 높은 몸값을 자랑하기 때문에 쉽게 부를 수 없다.

조명을 바꾸기로 마음을 먹었다면 인터넷으로 집 근처 전기기사 2~3명 정도를 검색한 후에 가장 빨리 올 수 있는 분에게 의뢰하면 된다. 설치가 어려워 보이는 조명이라도 문제없다. 모든 전기기사는 전문가고, 전기기사에게 조명 설치는 아주 쉬운 일이다. 항상 새로운 조명을 의뢰하지만 못하겠다고 사절하는 기사는 한 명도 못 봤다. 가

격도 타공을 포함해 하루에 20만 원을 넘긴 적이 없다.(84m² 기준)

이래도 의심스럽다면 인터넷 사이트 '홍반장'(http://www.hongbj.com/)에 접속하자. 전국에 설치기사 연락망을 두고, 설치 전문 서비스를 제공하는 업체다. 지인이 조명 설치할 때 기사를 어떻게 구하느냐 물어봐도 집 근처 기사를 검색하거나 '홍반장'을 이용하라고 한다. 사이트의 '비용 안내' 코너를 클릭하면, 전기 관련 항목에 거실등이나 매입 조명 등 정찰제 가격으로 세세하게 적혀 있다. 요즘은 설치 비용이나 공사 비용도 바가지 쓸 일이 없다. 전기기사 2~3명에게 연락하여 금액을 물어보아도 별 차이가 없어서, 믿을 만하고 가장 빨리 진행해줄 분에게 맡기면 된다.

2단계: 견적 내기

어려운 전기 작업이라면 전기기사를 부르면 된다. 조명 교체가 아닌 조명 위치를 옮기거나 타공을 새로 해야 할 때는 전기기사를 부르는 게 좋다. 어떤 조명을 달고, 타공을 얼마나 할지 정리한 후, '홍반장' 사이트를 참고하여 예산을 뽑아보자.

그 후에 전기기사에게 조명 공사 범위를 자세히 설명한 후 예산을 받아 진행하면 된다. 공사를 진행하다 보면 시간이 늘어질 수 있으므로 아침 일찍부터 진행하길 추천한다. 전기 공사는 누전 차단기(두꺼비집)를 내리고 해야 하므로 해가 지면 진행할 수 없기 때문이다. 참고로 나는 전기 공사를 진행할 때면 아침 8시부터 시작한다.

전기기사에게 견적을 의뢰하는 팁을 말하자면, 손으로라도 대충 도면을 그려주는 것이 좋다. 평면을 그린 후 타공 몇 개, 기존 조명 교체 몇 개라는 내용을 적고 모든 조명의 사진과 사이즈를 보내자. 매입 조명은 타공 치수도 적어 보내야 한다. 그래야 전기기사가 타공 치수에 맞는 공구를 가져올 수 있다. 조명 기구를 구입할 때 모든 매입 조명은 타공 치수가 기재되어 있다.

샹들리에처럼 높이가 1m를 넘어가는 큼지막한 조명을 설치한다면 반드시 미리 알려야 한다. 혼자서 달 수 없는 조명의 경우 두 명이 와서 작업해야 하기 때문이다. 공사할 때 사소한 사항이라도 모두 알려드려야 전기기사가 수월하게 공사를 진행할 수 있다. 너무 시시콜콜하게 이야기하는 것 같고 귀찮아하면 어쩌지 하는 걱정은 전혀 하지 않아도 된다. 공사하는 사람은 세세한 정보가 얼마나 공사 시간과 노력을 덜어주는지 잘 알고 있다. 세세하게 조명 공사 범위와 종류를 알려줄수록 조명기사의 수고를 덜어준다는 사실을 기억하고 공사 전에 모든 정보를 전달하자.

3단계: 조명 보수

세 번째로 기억해야 할 점은 조명을 떼어낸 자리를 보수하는 것이다. 보수도 쉽게 생각하자. 물론 기존 조명 자리에 새로운 조명만 교체할 때 새로운 조명이 기존 조명보다 크기가 크다면 아무런 문제가 없다. 하지만 기존 조명보다 새로운 조명 크기가 더 작다면 천장 벽지가 일부 얼룩져 보일 수 있다. 그렇다고 조명을 고를 때 천장 벽지가 보일까 봐 디자인은 고려하지 않은 채 큰 사이즈의 조명만 고르다 보면 자칫 공간을 망칠 가능성이 높다.

우리 집 침실에 가로세로 600mm짜리 커다란 방등을 떼고 꽃 모양 펜던트 조명을 달았다. 당연히 방등을 달았던 자국이 남았다. 이럴 때 남은 벽지를 사용한다. 방등이 달려있던 자리에 인테리어를 하면서 남은 벽지를 오려 덧대었다. 생각보다 이상하거나 눈에 거슬리지 않는다.

이처럼 남은 벽지가 있다면 좋겠지만, 그렇지 않다면 유사한 벽지나 페인트를 구해야 한다. 얼룩진 곳만 같은 벽지로 가리거나 페인트를 칠하면 감쪽같다. 내가 자주 쓰는 방법이니 믿고 해도 좋다. 물론 조명 교체와 함께 천장 벽지를 바꿀 시기가 되었다면 벽지도 새롭게 붙이는 게 제일 깔끔한 방법이다. 이때 순서는 기존 조명을 떼고 벽지를 바른 뒤 새 조명을 달아야 한다. 타공할 때도 공정은 같다. 반드시 공정 순서를 지켜야 조명 공사 후에 깔끔한 천장을 완성할 수 있다.

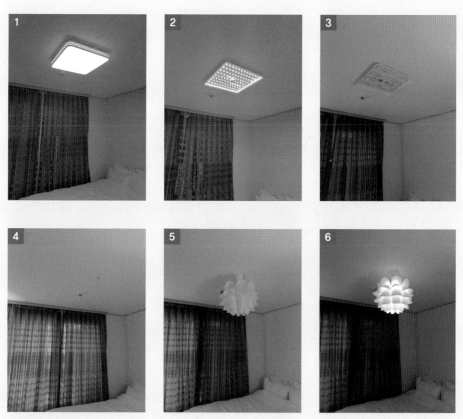

조명 보수 예시 번호 순서대로 조명을 교체했다. 기존 조명을 떼고 벽지나 페인트로 보수한 뒤 새로운 조명을 달았다.

4단계: 간접 조명 설치

간접 조명 설치가 가능하다면 반드시 하자. 전기기사에게 거실과 방의 커튼 박스 사진과 치수를 보내고 제일 가까운 조명 위치와 거리도 알려준다. 대부분 커튼 박스에 전선 인발(引拔)이 가능하다. 간접 조명은 8m까지 일자로 연결하여 사용할 수 있으니 전선 한 곳만 빼면 된다. 당연히 끝에서 인발해야 한다. 애매하게 중간에서 전선을 인발하면 전선을 두 가닥으로 나눠줘야 하는 작업을 해야 하기에 꼭 간접 조명 설치할 곳의 전선은 처음이나 끝에서 인발해야 한다.

84m² 신혼집 조명 설계를 진행한 적이 있다. 부부는 거실에 붙박이장과 아트월을 설치하기 위해 목공 기사를 불렀다. 부부에게 목공사를 진행하는 김에 거실에 간접 조명을 설치할 수 있게 아트월의 상

간접 조명 커튼 박스, 우물천장, 싱크대 하부, 가구 등에 조명을 활용해 조명이 직접 보이지 않고 불빛만 은은하게 보이도록 하는 방법을 간접 조명이라 한다. 공간에 볼륨감과 아늑한 분위기를 조성하므로 꼭 활용해야 할 조명이다. 일렬로 8m까지 이어서 설치할 수 있으므로 1차 전선 하나만 인발되어 있으면 생각보다 쉽게 설치할 수 있다.

부를 간접 조명의 넓이만큼 늘려달라는 제안을 했다. 목공 기사에게 간접 조명 크기를 말하니 아트월 상부에 간접 조명의 크기에 맞게 설치할 선반을 만들어주었다. 아트월 상부에서 은은하게 빛나는 간접 조명 덕분에 거실이 한층 고급스러워 보였다. 목공사를 포함한 인테리어를 진행할 계획이라면 간접 조명을 꼭 활용하기 바란다. 목공 기사에게는 간접 조명이 보이지 않게 L자 모양으로 나무를 한 단 덧대는 일은 아주 쉽다.

내가 직접 전기기사가 되어보자

조명 교체를 어렵게 느끼는 건 실제로 작업이 어려워서가 아니라 해보지 않은 일에 막연한 두려움을 느끼기 때문이다. 조명 공사를 진행하기 전에 '전기공사는 누구나 할 수 있는 쉬운 작업이다.'라는 인식이 먼저 필요하다.

기존 조명 위치에 새로운 조명으로 교체한다면 직접 조명을 달아도 무방하다. 정보가 필요하다면 '셀프 거실등 교체' '셀프 방등 교체' '셀프 주방 조명 교체' '셀프 레일 조명 교체' 등을 검색해 동영상으로 보고 배워도 충분하다.

다만, 조명 교체는 반드시 누전 차단기(두꺼비집)를 내린 상태로 진행해야 하므로 낮에 작업해야 한다. 식탁 조명 교체 작업을 먼저 해보고 할 만하다면, 다른 조명 교체도 충분히 혼자 할 수 있다.

조명 공사를 편안하게 생각하고 일단 한 번 시도해보자! 내가 직접 하든 전기기사가 하든 그 어떤 조명 공사도 손쉬운 일임을 깨닫게 된다. 공간이 아름답게 바뀔 순간만을 고대하며 전기 공사 스트레스는 저 멀리 날려보내자.

일러두기

• 이 책에 나오는 조명 정보는 2021년 기준입니다.

• 면적의 단위는 국제 단위계를 기준으로 하여 적었습니다.

• 거실이나 주방의 수납 공간을 널리 쓰이는 단어인 '거실장' '상부장'으로 적었습니다.

*

조명을 고르는
감각부터 기르다

호텔 조명을
구석구석 살펴보다

신라호텔은 조명과 함께 발전했다

신라호텔의 조명 프로젝트를 담당했기에 여전히 신라호텔에 애착이 가고 눈여겨보게 된다. 조명의 중요성을 알고 많은 투자를 하는 곳이 신라호텔이다. 호텔이 나날이 발전을 거듭하는 이유가 아닐까 싶다.

신라호텔의 세컨드 브랜드인 신라스테이에는 침실 헤드보드 옆에 볼륨이 굉장히 큰 펜던트 조명을 설치했다. 지금은 침실에 펜던트 조명을 사용하는 것이 대중화되었지만, 처음엔 호텔 객실에 펜던트 조명을 시도한다는 자체가 새롭고 과감한 발상이었다. 더군다나 크기도 매우 큰 펜던트 조명이었다.

물론 세세한 부분은 전문가들이 해결해나갔다. 침대 옆에 바로 커다란 조명을 설치하기 때문에 휴식을 취하려는 고객에게 방해가 될 수 있었다. 따라서 은은한 밝기를 구현해냈고, 트렌디하면서도 고급스러움을 더하기 위해 패브릭 소재를 펜던트 조명에 사용했다.

만약 신라스테이가 펜던트 조명이라는 요소를 과감히 적용하지 않았다면 신라스테이는 신라호텔의 세컨드 브랜드이자 저가 호텔이라는 이미지를 벗어나기 힘들었을 것이다. 신라호텔과는 다른 감성, 그러면서도 신라호텔 감성을 완전히 벗어나지 않은 시도로 신라스테이라는 독자적인 브랜드를 탄생시켰다. '신라스테이'란 브랜드는 조명이 완성했다 해도 과언이 아니다.

신라스테이의 조명 볼륨 있는 패브릭 소재의 펜던트 조명을 침실과 거실에 활용하여 신라스테이만의 공간이 완성되었다.

호텔의 이미지를 만드는 조명 설계

3년 전 역삼동 부티크 호텔 프로젝트에 참여했다. 도심지에 한국적 미를 재해석한 호텔로 조명 설계를 진행하면서 공간에 은은한 건축미를 살리려고 노력했다. 그리고 영국 건축 디자인 잡지 〈월페이퍼〉에 소개될 만큼 건축미를 인정받았다.

도심지에 감성적인 공간을 창출하기 위하여 많은 전문가가 노력했다. 호텔 특유의 고급스러운 이미지와 여백의 미를 조명으로 어떻게 표현하면 좋을지 함께 고민을 거듭한 결과 간접 조명을 적극적으로 활용하기로 결정했다. 빛의 유무를 통해 여백의 미를 담아내기 위해 빛의 강약을 조절하는 세심함을 발휘했다. 객실의 복도는 벽의 하부 간접 조명과 간결한 벽등으로만 처리하여 천장과 동선에 여백의 미를 표현하였고 객실 또한 자체 디자인한 벽등과 간접 조명 위주로 처리하여 공간에 고급스러운 볼륨감과 동양적인 미를 표현했다.

상부층에 아쿠아룸이 있는데 나의 워너비 공간이기도 하다. 야외에 나만의 수영장을 두고 만끽할 수 있다는 것은 매우 멋진 일이다. 그것도 도심지를 내려다볼 수 있는 루프탑에서 수영을 즐기며 시간을 보내는 건 매우 환상적이다. 사적이면서도 도심의 세련된 느낌을 표현하기 위하여 물속의 수중 조명도 은은하게 연출했다.

로비에는 천장에서 바닥까지 한 가닥 물줄기가 감성적으로 흐르고 있는데, 그 물줄기를 강조하기 위한 조명도 연출했으며 로비의 프런트 데스크 또한 조명으로 감성을 더했다. 갤러리도 존재하는데 전시회의 가변성을 고려한 조명 설계를 적용했다. 호텔에 들어설 때 차로 이동하는 사람을 위한 주차장 조명과 도보를 이용한 고객을 위한 출입구 조명도 다른 호텔과는 차별화를 두고 조명 설계를 진행했다. 이 부티크 호텔을 방문하는 고객들은 건축미와 세련된 조명의 동양적인 감성으로 인하여 기분 좋은 하루를 보낼 것이다.

역삼동 부티크 호텔 故김백선 디자이너가 직접 디자인한 벽등이 침실에 적용되어 있다. 욕실에는 동양의 미를 표현하고자 간접 조명이 세심하게 적용되어 있다. 루프탑 수영장에 감성을 부여하기 위해 간접 방식의 수중 조명이 적용되어 있다.

　사람을 맞이하는 공간에 대한 배려로 주차장에도 감성적으로 간접과 매입 조명이 공간에 적용되어 있다. 프런트 데스크 쪽에 흐르는 한 줄기 난과 같은 고고한 물줄기는 빛으로 더욱 강조되고 있다. 모든 공간에 관심을 기울이고 조명을 세심하게 적용하면 모두가 한 번쯤 살아보고 싶은 조명 인테리어가 완성된다.

집도 조명으로
호텔처럼 만든다

네모난 거실등부터 바꾸자

어느 날, 처음으로 집 조명 상담을 진행했다. 상담하면서 보니 일반 소비자 대상의 조명 시장이 너무 열악해 사용할 만한 조명이 없었다. 그래서 B2B(기업체) 조명을 찾아 세팅했고 의뢰한 분은 이런 조명은 처음 본다며 매우 만족했다. 일반 소비자가 사용하는 조명이 한정적이라는 사실이 안타까워 조명 업체를 설득해 소비자 판매가 가능한 B2B 조명을 온라인 쇼핑몰에 선보이기 시작했다.

인테리어가 비슷해 보이는 집은 모두 조명이 비슷하게 세팅되어 있다. 거실에는 네모난 거실등, 방에도 네모 또는 원형의 방등을 달아 깨끗해 보이지만 그뿐이다. 공간이 멋지거나 특별해 보이지 않는다. 모두 비슷한 조명을 사용하고 있기 때문이다.

거주 공간, 특히 아파트 공간 조명을 진행하면서 너무나도 놀라웠던 점은 사람들이 공간을 새롭게 인테리어 하면서도 방등과 거실등은 기존과 비슷한 형태의 디자인으로 사용한다는 점이었다.

집마다 서로 디자인이 다른 조명은 식탁 조명 정도였다. 세상에 얼마나 많은 조명과 디자인이 존재하는데……. 너무나도 안타까웠다. 공간마다 조명을 취향에 맞게 적용해야 멋진 집이 탄생할 수 있다.

네모난 거실등 대신 샹들리에나 실링 팬 조명을, 원형의 방등 대신 펜던트 조명을 달면 집이 멋진 호텔처럼 확 바뀐다. 거실에 플로

거실에 두는 다양한 조명 거실에는 펜던트 조명, 매입 조명, 플로어 스탠드 등 다양한 조명을 놓을 수 있다. 나만의 감성에 맞는 조명을 골라 배치하자.

어 스탠드(장 스탠드)만이라도 놓아보자. 공간이 갑자기 달라 보일 것이다.

조명 가게에서 "이게 제일 잘 나가는 방등입니다."라고 이야기해도 다른 조명을 찾아보자. 집에 모두가 사용하는 조명 말고 나만을 위한 멋진 조명을 놓으면, 공간은 어느 순간 바뀌어 있을 것이다. 조명은 진정 마법사다. 낮에는 모양 그 자체로, 밤에는 불이 '확' 켜지는 순간 또 다른 감성의 마법을 부린다.

현관과 화장실도 놓치지 않는다

모두가 살고 싶은 공간은 구석구석 조명이 참 잘되어 있다. 현관 입구부터 조명이 반겨주며 주된 공간에는 그 공간만의 독창성이 있다. 건축, 인테리어, 조명이 한데 어우러지는 완벽한 공간만이 사람의 감성을 울리며 모두가 감탄하는 공간이 된다. 거실과 침실뿐만 아니라 화장실, 베란다, 복도의 조명도 세세하게 신경을 쓴다면 공간은 완성도가 높아지며 아름다워진다. 최고의 공간 전문가는 미켈란젤로처럼 한 평의 공간도 쉽게 지나치지 않는다. 그러나 주거 공간을 진행하다 보면 놀랄 때가 한두 번이 아니다.

"화장실이요? 그냥 깔끔하게 남들이 하는 식으로 해주세요."
"현관 센서등은 심플한 걸로 달아주세요."
"베란다는 알아서 해주세요."

마치 거실과 침실에서만 거주하는 사람처럼 나머지 공간은 심플하게 해달라고 주문한다. 심플하게 해달라는 것은 그냥 평범하게 해달라는 말과 의미가 같다. 현관, 화장실, 베란다도 모두 나의 소중한 공

현관과 화장실 조명 현관과 화장실에 조명만 색다르게 달아도, 공간의 분위기가 대변신한다.

간이다. 현관은 사람을 처음 맞이하는 공간이고 화장실은 하루에도 몇 번 들락날락하는 공간이다.

모든 공간에 세심한 주위를 기울여 설계하고 시공해야 감탄할 만한 아름다운 집이 탄생한다. 화장실을 하얀색 불빛으로 밝고 모던하게 세팅하고 싶은지, 주황색 불빛으로 은은하고 따뜻하게 만들고 싶은지, 베란다에는 펜던트 조명이나 데코 조명을 놓을지 등 선택할 거리가 많다.

한 번쯤 살아보고 싶은 공간이 탄생하는 것은 어려운 일이 아니다. 모든 공간을 거실과 방처럼 조금만 더 돌보고 가꾸어주자. 그러면 어느새 모두가 부러워하는 호텔 같은 공간에서 살고 있을 것이다.

북유럽 스타일
조명 인테리어

한국인에게 왜 북유럽 스타일이 인기인가

이케아는 북유럽 감성을 담고 있는 스웨덴의 대형 가구 회사다. 최근 한국에 세 번째 매장을 열 정도로 큰 인기를 끌고 있다. 왜 우리나라 사람은 북유럽 감성에 그토록 열광할까?

불과 60년 전만 해도 우리는 정감이 넘치는 주택이라는 아늑한 공간에 살았었다. 그러다 1956년, 지금의 을지로 4가 근처에 최초의 아파트인 중앙아파트가 세워졌다. 그 이후 아파트와 빌라가 우후죽순 생겨났다. 아파트의 차갑고 모던한 스타일은 한국인의 감성과 어울리지 않는다. 편리할지는 몰라도 정을 돈독히 여기는 우리나라 사람에게는 너무도 차가운 감성이다.

학창 시절에 주택에서 살았다. 마당이 있을 때도 있고 없을 때도 있었지만 모두 개방감이 있는 따뜻한 거주 공간이었다. 나무와 황토로 지어진 집에 가면 따뜻하고 포근한 분위기 속에 은은히 방안을 비추는 조명이 마음에 들었다. 정확히 어떤 조명이 공간에 사용되었는지 생각이 나진 않지만 은은한 느낌이었다는 기억은 남아 있다.

옛날 우리 선조의 거주 공간을 떠올려보자. 자연과 닮았으며 따뜻한 감성이 느껴지는 공간이다. 형태는 다르지만, 북유럽 감성과 닮아 있지 않은가? 한때 모더니즘이 유행했지만 그때뿐이었다. 우리나라 사람들은 도시적이고 세련된 느낌보다는 북유럽 디자인처럼 포근하고 아늑한 감성에 행복을 느끼는 것이다. 예전부터 우리 민족은 소박하고 절제된 미를 추구했다. 다시금 한국인의 본성인 '심플, 슬로, 정'이라는 감성이 유행하고 있다고 생각한다.

그런 감성을 담은 북유럽 스타일 소품 및 인테리어 자재를 해외 직구로 손쉽게 구할 수 있다. 인터넷에 '북유럽 스타일'이라고 검색하면 많은 쇼핑몰이 뜬다. 그중 '스칸디나비아 디자인 센터'에서 운영하는 '노르딕네스트'를 추천한다. 한국어를 지원해 쉽게 검색할 수 있고, 다양한 북유럽 조명을 빠르게 받아볼 수 있다.

네이버에 '스칸디나비아 디자인 센터 배송'이라고 검색하면 직구 방법부터 배송 기간까지 자세히 적은 게시물이 많다. 배송 기간도 '익스프레스 옵션'을 사용하면 6일 이내로 도착한다. 그러나 해외 직구만 고집할 필요도 없다. 국내에서도 얼마든지 비슷한 느낌의 가성비 좋은 제품을 구할 수 있다.

북유럽 스타일 인테리어에는 조명이 중요하다

북유럽 디자인의 주된 철학은 단순함, 실용성, 아늑함이다. 심플하면서 아늑하고 사용하기 편한 디자인을 어느 누가 좋아하지 않을 수 있을까? 아름다운 공간에서 살아가면 행복지수가 올라간다. 북유럽 사람의 행복지수가 10위 안에 드는 이유는 아름답고 아늑한 공간에서 생활하기 때문이다.

북유럽은 겨울이 9개월이나 이어지기 때문에 햇빛을 볼 수 있는 시간이 많지 않다. 실내에 머무는 시간이 길기 때문에 오랜 시간 실내에 머물러 있어도 편안함과 포근함을 느낄 수 있는 디자인으로 발전했다. 또한 북유럽 사람은 자급자족을 위해 나무를 많이 활용해서 북유럽 디자인에는 나무도 중요한 디자인 요소로 작용한다. 심플하고

따뜻한 감성이 돋보이는 이케아의 조명　이케아 쇼룸에 놓인 조명은 우리나라의 포근하고 아늑한 감성과 닮았다.

북유럽 스타일 조명 인테리어 북유럽 스타일 인테리어에는 조명이 주는 느낌이 중요하다. 원목과 어우러지는 따뜻하고 심플한 느낌의 조명이다.(사진 출처(아래): 코램프)

간결한 디자인, 실용성에 집중한 소품, 아늑하고 따뜻한 느낌의 원목 가구와 조명…….

그중에서도 조명이 차지하는 비중이 매우 크다. 실내에서 주로 생활하기에 조명으로 아늑하고 포근한 분위기를 만들려고 노력한다. 북유럽 인테리어를 집에 구현하는 가장 손쉬운 방법은 기본 인테리어를 심플하고 내추럴하게 한 후 조명을 포근하고 아늑하게 적용하면 된다. 그것이 바로 북유럽 인테리어다.

간접 조명으로 쉽게 북유럽 스타일 내는 법

"북유럽 스타일의 식탁 조명 좀 추천해줄래?"

"이 플로어 스탠드를 거실에 두면 거실에 북유럽 분위기 좀 날까?"

"무슨 조명을 사용해야 북유럽 스타일이야?"

참으로 난감한 질문이다. 북유럽 스타일의 장식 조명 하나만 적용한다고 우리 집이 북유럽 스타일이 되는 것이 아니다. 북유럽에서는 눈에 자극이 많이 가는 직접 조명보다는 편안한 간접 조명을 많이 사용하고 포인트로 플로어 스탠드나 펜던트 조명을 놓는다. 조명에서 흘러나오는 빛의 색감도 밝은 흰색보다는 포근함이 느껴지는 따뜻한 노란색을 선호한다. 우리나라 사람 본연의 감성은 따뜻함과 포근함을 좋아하는 북유럽 사람의 감성과 비슷하다. 그러니 자신감을 가지고 본능에 따라 북유럽 스타일을 공간에 적용하자. 실용적이며 심플하고 따뜻한 공간을 만들면 그것이 북유럽 스타일이다.

공간을 따뜻하고 포근하게 만드는 요소는 단연 조명이다. 특히 간접 조명을 적용하면 집은 더욱 빛으로 포근해진다. 북유럽 사람처럼 간접 조명을 구석구석 설치하자. 생각보다 많은 공간에 간접 조명을 설치할 수 있다. 거실에 우물천장이 없으면 거실에 존재하는 모든 커튼 박스에 간접 조명을 설치하자.

안방과 작은방의 커튼 박스에도 간접 조명을 설치할 수 있다. 만약 아이가 있다면 간접 조명은 아이에게 무한한 감수성과 창의성을 가져다줄 것이다. 주방에도 간접 조명을 설치할 곳이 많다. 싱크대 상부장 하부에 간접 조명을 설치해보자. 주방이 아늑한 공간으로 바뀔 것이다. 현관 붙박이장 하부에도 공간이 있다면 간접 조명을 설치해보자. 집에 들어서는 순간 조명이 밖에서의 힘든 시간을 잊어버리게 하는 마법을 부릴 것이다.

이렇게 집 구석구석 간접 조명을 설치한 후 북유럽 스타일의 플로어 스탠드와 펜던트 조명을 설치해보자. 어느 순간 북유럽 감성이 물씬 풍기는 집으로 완벽하게 변신할 것이다.

간접 조명으로 북유럽 스타일 만들기 간접 조명을 놓으면 은은하고 아늑한 분위기가 절로 난다. 매입 조명이나 플로어 스탠드를 더하면 또 다른 느낌을 낼 수 있다.

북유럽 스타일 조명의 대명사 '루이스 폴센'

북유럽 스타일 조명의 대명사는 '루이스 폴센'이다. 1874년에 설립해 백 년이 넘는 역사를 자랑하는 덴마크 조명 업체다. 스칸디나비아 스타일의 디자인을 중심으로 진정한 북유럽 조명의 철학을 자랑하는 장인 정신이 깃든 회사다.

'단순히 조명을 디자인하는 것이 아니라 빛의 형태를 다듬어 실내와 야외 어디에서나 사람들에게 편안함을 선사하는 분위기를 만들고자 한다.'

'루이스 폴센'의 조명 철학이자 나의 조명 철학과도 부합하는 내용이다. 북유럽은 흐린 날이 많기에 차가운 느낌의 조명보다는 집안

루이스 폴센의 조명 루이스 폴센의 조명은 북유럽 스타일을 잘 표현한다. 특유의 모양으로 빛을 겹겹이 쌓아 더욱 따뜻한 분위기를 자아낸다.

을 따뜻하게 만드는 은은한 감성의 조명을 사용한다. 소재는 주로 스틸과 우드를 많이 활용하는데, 특히 스틸을 겹겹이 활용해 불을 켰을 때 따뜻하고 낭만적인 분위기를 자아낸다.

북유럽에서는 천 제품이나 가구 등 기타 자재들은 내추럴하고 심플한 제품을 활용하지만, 조명만은 형태미가 있는 제품을 활용한다. 낮에는 포인트가 될 수 있는 오브제 느낌이지만 불을 켜는 순간 오브제 사이사이에 은은하게 스며 나오는 빛의 감성을 공간에 부여하는 것이 바로 북유럽 조명이다. 북유럽 스타일의 조명은 불을 켰을 때 빛이 레이어드 되어 공간에 은은하면서도 환상적인 감성을 부여하는 특징이 있다는 점을 기억하자.

어느 공간에 어떤 조명을
놓을 것인가

셀프 조명 인테리어는 쉽다

무엇이든 편하고 쉽게 생각해야 한다. 그래야 자주, 꾸준히 관심을 가질 수 있다. 공간을 꾸미거나 조명을 적용할 때, 힘들었던 기억이 나면 다시는 시도하고 싶지 않게 된다.

"인테리어 하면 5년은 늙어요."라고 말하는 사람이 많다. 모두 공사하는 업체를 잘못 만났기 때문이다. 물론 소규모 공사를 할 때 능력, 가격, 서비스를 모두 만족할 인테리어 업체를 만나기란 정말 어렵다.

셀프 조명 인테리어 직접 조명 인테리어를 하면, 원하는 느낌을 더욱 잘 살릴 수 있다. 내가 원하는 조명을 직접 골라 놓고 싶은 위치를 생각해 보자.

일을 잘할수록 대규모 공사로 옮겨가기 때문이다. 그래서 집은 셀프 인테리어가 답이다. 많은 사람이 셀프 인테리어라고 하면 일일이 직접 페인트칠도 하고 조명도 달아야 한다고 착각한다. 물론 이것도 셀프 인테리어지만, 더 편한 방법도 있다. 공정별로 전문가를 활용하는 것이다. 조명으로 예를 들자면, 조명을 고르고 설치할 위치를 정한 다음 전기기사를 불러서 설치하면 끝난다.

우리 집에 어울리는 조명 고르기

직접 조명을 고를 때는 신중을 다해야 한다. 옷을 살 때도 보기에 예쁜 옷만 사면 맞지 않거나 다른 옷들과 어울리지 않아 무용지물이 된다. 조명도 마찬가지다. 보기에 예뻐서 골랐는데, 막상 집에서 달고 보면 어울리지 않을 수 있다. 마음에 드는 조명을 골랐다면 집에 어울리는지, 크기는 적당한지를 검토해야 한다.

집의 스타일이 확고하게 정해져 있다면 어울리는 조명을 선택하면 된다. 그러나 인테리어 스타일이 확고하지 않다면 공간의 스타일 먼저 정해야 한다. 공간의 스타일을 정해놓고 골라야 디자인이 뒤죽박죽 섞이지 않게 된다. 북유럽 스타일, 모던 스타일, 앤티크 스타일, 프렌치 스타일, 화이트 앤 우드 스타일, 빈티지 스타일 등 평소에 선호하거나 적용하고 싶었던 스타일을 먼저 명확하게 정하자.

'거실은 앤티크 스타일, 침실은 프로방스 스타일, 아이 방은 북유럽 스타일로 해야지.' 이런 식으로 스타일을 섞어도 괜찮다. 일단 하고 싶은 대로 정해보자. 나중에 진행하면서 스타일을 조금씩 바꾸어도 괜찮다. 큰 틀이 없으면 스타일이 중구난방이 되니 이 작업이 반드시 선행되어야 한다.

다양한 조명 인테리어 스타일
내가 원하는 스타일을 먼저 정하고 거실, 방, 주방 등 다양한 공간마다 조명을 골라보자. 내가 원하는 분위를 훨씬 잘 살려주는 조명을 찾을 수 있을 것이다.

다양한 조명
알아보기

어디에나 어울리는 레일 조명

인테리어에 굉장히 관심이 많고 실행력이 과감한 고객을 만난 적이 있다. 평범한 아파트에 과감하게 천장을 다 뜯어내고 노출 천장 형태로 인테리어를 진행했다. 바로 나에게 의뢰를 한 건 아니고 인테리어 팀과 진행하다가 우여곡절 끝에 찾아왔다. 아파트 형태의 거주 공간은 대개 조명 전문가가 투입되지 않고 인테리어 업체에서 조명까지 맡아 진행하는 것이 일반적이다.

"노출 천장으로 거실 공사를 하고 있는데 꼭 거실등을 달아야 하나요?"
"아니요. 노출 천장이니 오히려 레일 조명이 어울릴 것 같습니다."
"근데 왜 인테리어 업체는 거실등을 안 달면 어둡다고 하죠?"

아마 인테리어 업체는 레일 조명만으로 거실 조명을 설계해 본 적이 없어서 밝기에 확신이 없었던 것 같다. 나중에 고객이 어둡다고 할까 봐 밝은 거실등을 권한 듯하지만, 노출 천장과 평범한 거실등은 어울리지 않는다.

"레일 조명을 달고 생각보다 어두우면 더 달면 될 것 같습니다."

레일 조명의 최대 장점은 한 번 레일을 걸어두면 쉽게 더 달 수도 뗄 수도 있다는 것이다. 구글에 'living room track light(거실 레일 조명)'라고 검색해보자. 갤러리와 같은 품격 있는 느낌이 나면서 밝기의 가변성이 좋아 유럽이나 미국에서는 거실 조명으로 많이 사용한다. 헤드가 작으면서 디자인이 독특한 레일 조명도 있으니 각자 취향에 맞게 선택하면 된다. 거주 공간에 사용하는 레일 조명은 가급적 자그마한 것을 추천한다. 큼지막한 레일 조명을 다는 것보다 자그마한 레일 조명 여러 개를 다는 것이 디자인이나 밝기 측면에서 더 나은 선택이 될 것이다.

레일 조명 레일 조명은 갤러리에서 많이 사용한다. 거실이나 방에도 레일 조명을 설치하면 원하는 방향으로 빛을 조절할 수 있고, 밝기를 선택할 수 있다는 장점을 누릴 수 있다.

고급 리조트 느낌을 내는 실링 팬 조명

실링 팬을 거실과 방에 달면 고급 리조트 느낌이 난다. 인테리어에 라탄과 패브릭까지 활용하면 휴양지를 집으로 옮겨올 수 있다.

유럽 지중해 연안 국가에서는 일반 가정집 거실에도 실링 팬을 많이 사용한다. 실용성과 디자인 두 가지를 모두 만족하기 때문이다. 과감히 기존 거실등을 떼고 실링 팬을 달아보자. 어두운 게 걱정이라면 밝기를 보완할 수 있는 다양한 방법이 있다.

실링 팬은 볼륨이 크고 디자인 요소가 강해 천장에 활용하면 바로 집이 고급 리조트처럼 바뀐다. 여기에 조명까지 결합한 실링 팬 조명을 활용하면 디자인과 밝기도 모두 만족하는 결과를 얻을 수 있다. 부러워만 말고 활용하고 싶은 요소를 적극적으로 우리 집에 적용하자. 간단하게 생각하면 된다.

예전에는 실링 팬 조명이 앤티크한 제품만 있고 높이가 높아 층고가 높지 않은 우리나라 주거 공간, 특히 아파트에는 적용하기가 어려웠다. 하지만 지금은 시중에 모던한 느낌에 높이가 적당한 실링 팬

실링 팬 조명(왼쪽), 실링 팬(오른쪽) 실링 팬 단독 또는 조명을 결합해 실링 팬 조명으로 활용할 수 있다. 실링 팬을 공간에 활용하면 지중해 느낌이 물씬 나는 고급 리조트 느낌이 난다.

조명이 합리적인 가격으로 많이 나와 있다. 집 천장이 우물천장이라면, 실링 팬 조명을 활용하면 더할 나위 없이 잘 어울리는 포인트 요소가 될 수 있다. 한 가지 팁을 주면 실링 팬 조명을 활용할 경우 우리나라의 천장은 대부분 하얀색이기 때문에 조명 디자인이 묻히는 하얀색보다는 원목 느낌이 나는 실링 팬 조명을 추천한다. 그러면 우리 집도 지중해 느낌이 물씬 나는 고급 리조트 분위기로 탈바꿈할 수 있다.

벽을 장식하는 오브제, 벽등

공간에 벽등을 설치하고 싶다면 망설이지 말고 일단 설치하자. 호텔 침실에는 침대 옆에 벽등 또는 스탠드 조명을 두는데 벽등은 스탠드 조명과는 또 다른 감성을 부여한다.

　벽등은 불을 켜지 않아도, 존재만으로도 공간을 감성적으로 만드니 고민할 필요 없이 공간에 적용하면 좋다. 다만 천장보다 벽체에 전선

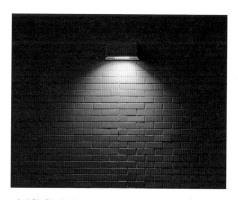 

다양한 형태의 벽등　그림, 사진, 아트월 대신 벽등으로 벽을 장식할 수 있다. 형태가 있는 오브제이지만 빛을 담고 있어서 벽등은 공간에 동시에 두 가지 연출을 할 수 있다. 벽등 형태 자체만으로도 장식의 역할을 충분히 하면서도 불이 켜졌을 때 공간에 또 다른 감성을 부여한다.

을 인발하는 작업이 쉬운 작업은 아니기에 사전에 전기기사와 충분히 설치 가능한 위치를 먼저 검토해야 한다.

벽등은 무조건 설치 위치를 먼저 결정한 다음에 위치에 어울리는 벽등을 골라야 한다. 모든 일은 준비가 철저하면 진행하는 과정이 수월하다. 조명 공사도 마찬가지이다. 성공적인 셀프 조명 인테리어를 위하여 꼼꼼하게 준비한다면 보다 손쉽게 완성도 높은 공사를 진행할 수 있다.

어디든 쉽게 놓을 수 있는 무드등

아름다우면서도 다양한 용도로 사용할 수 있는 아이템은 모든 사람의 사랑을 받는다. 스카프를 떠올려보자. 스타일을 완성해주기도 하지만 여러 용도로 활용할 수 있다. 무채색의 옷을 입을 때면 다소 화려한 스카프로 포인트를 주고, 쌀쌀한 환절기에는 목을 보호하는 역할을 한다. 가방 손잡이에 둘러 장식처럼 사용하기도 한다. 그야말로 일석삼조의 아이템이다.

충전식 무드등이 그렇다. 공간에 스카프와 같은 포인트 역할을 한다. 충전식 무드등은 이동이 편리해 실내와 야외를 자유롭게 옮겨 사용할 수 있다. 테라스가 있다면, 더욱 효과적으로 사용할 수 있다. 캠프파이어에서 장작불이 모든 사람의 감성을 사로잡는 것과 같이 무드등은 야외에서 더 빛을 발한다.

이제 '미니멀 라이프'나 '1인 가구'라는 단어가 낯설지 않다. 앞으로 점점 더 유행할 것이다. 최소한의 물건만 두고 사는 '미니멀 라이프'를 지향하는 사람에게는 활용도가 높은 '충전식 무드등'이 필수품이다. 인터넷에 '충전식 무드등'을 검색하면 다양한 무드등을 2~10만 원 초반 정도에 구할 수 있다.

실내와 야외에서 모두 사용할 수 있는 무드등 무드등은 어디에나 놓기 쉬워서 활용도가 높다. 실내에서도 야외에서도, 감성적인 분위기를 살려준다.

마음에 드는 조명을 구입해 활용해보자. 생활이 달라진다. 평소에는 거실 한편에 놓아 조명 소품으로 쓰다가, 분위기를 낼 때는 모든 불을 끄고 무드등만 켠 채 차 한 잔을 마실 수도 있다. 침실에 갈 때 무드등을 들고 들어가면 잠시 은은한 감성을 느낀 후에 기분 좋게 잠들 수 있다.

미니멀 라이프에 어울리는 테이블 스탠드

제품은 대부분 부피가 작을수록 재료가 덜 들어가서 가격이 저렴하다. 스탠드 조명도 마찬가지다. 비슷한 디자인이라면 부피가 큰 플로어 스탠드보다는 테이블 스탠드를 선택하자. 가격이 훨씬 저렴하다.

호텔에는 플로어 스탠드와 테이블 스탠드를 적절히 활용하여 공간에 감성을 더한다. 호텔을 벤치마킹하여 금액이 저렴한 테이블 스탠드를 공간에 많이 활용하자. 공간적인 측면에서도 협탁이나 선반 위에 두면 되기에 공간을 많이 차지하지 않는다.

침실이 크지 않다면 공간 활용 측면에서 침대 헤드보드 위에 테이블 스탠드 하나만 두어도 좋다. 인터넷에 검색하면 5만 원 미만으로 살 수 있는 수많은 테이블 스탠드가 나온다. 우리 집 분위기에 어울리면서도 마음에 드는 테이블 스탠드를 구입해 눈에 잘 보이는 공간에 놓아 감성을 더하자.

한번 설치하면 빠져나올 수 없는 간접 조명

공간에 볼륨감을 주는 최고의 방법은 간접 조명을 활용하는 것이다. 최근 신축 거주 공간에는 간접 조명이 많이 적용되어 있다. 집이 심플하지만 다소 차가워 보인다면 간접 조명을 활용하자. 천장에 활용

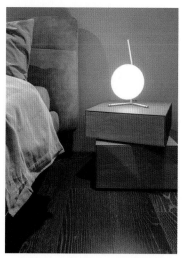

다양하게 활용할 수 있는 테이블 스탠드 테이블 스탠드는 부피가 작아, 여러 개를
놓거나 화려한 디자인을 골라도 부담이 없다.

할 공간이 없다면 거실과 방의 커튼 박스에 설치할 수도 있고 싱크대 하부에 설치할 수도 있다. 갑자기 집이 입체적으로 보이기 시작할 것이다. 현관 신발장 하부에도 공간이 있다면 간접 조명을 설치할 수 있다. 침대나 거실장 하부 또한 간접 조명을 설치하기 좋은 장소이다. 지금부터 구석구석 간접 조명을 활용할 수 있는 공간을 찾아보자.

호텔에서는 장식 조명과 더불어 간접 조명을 꼭 활용한다. 장식 조명은 공간에 포인트로 아름다운 요소를 주고 간접 조명은 공간에 입체적인 볼륨감을 준다. 두 가지가 어우러졌을 때 호텔과 같은 완벽한 거주 공간이 탄생한다.

"간접 조명? 전선은 어떻게 해야 하는 거야?"라고 간접 조명을 너무 어렵게 생각한다. 간접 조명은 저렴하고 설치도 비교적 쉽다. 설치에 실패하더라도 1~2만 원 정도밖에 들지 않으니 시도해볼 만하다. 새로 인테리어를 하는 공간이라면 간접 조명 설치 위치를 협의한 후 전선을 추가로 뽑아달라고 하면 된다.

살고 있는 집에 간접 조명을 설치하고 싶다면 플러그 방식의 간접 조명을 사면 된다. 플러그를 포함해 1m 정도에 1~2만 원 선이면 구

공간을 입체적으로 만드는 간접 조명 간접 조명은 우리가 보이지 않는 곳에서 빛을 그러데이션으로 줘서 공간의 입체감을 살린다.

입할 수 있다. 이케아에서도 2만 원 미만으로 간접 조명을 판매하고 있다. 판매처가 많아서 가성비 좋고 간편한 방식의 간접 조명을 얼마든지 구할 수 있다. 공간의 치수에 맞게 구매한 뒤 전선을 정리한 후 플러그에 꽂기만 하면 된다. 간접 조명을 설치 안 해본 사람은 있어도 한 번만 설치하는 사람은 보지 못했다. 간접 조명을 공간에 설치해 특유의 부드러운 감성을 꼭 느껴보기 바란다.

따뜻한 느낌을 살리는 에디슨 전구

노란색 에디슨 전구는 항상 따뜻한 감성을 준다. '필라멘트 전구'라는 정식 명칭이 있음에도 '에디슨 전구'라는 이름이 더 친숙하다. 카페나 분위기가 필요한 공간에 '에디슨 전구'를 그대로 활용하여 유럽의 앤티크한 분위기를 재현할 수 있다.

인터넷에 '전구 소켓'이나 '키 소켓'이라고 검색해보자. 1만 원 미만의 다양한 느낌의 레일 또는 플러그 형태의 소켓을 살 수 있다. 모던한 느낌도 있고 앤티크한 느낌도 있으니 본인의 취향에 맞게 고르자.

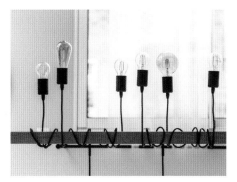

다양한 모양의 에디슨 전구 에디슨 전구는 다양한 모양을 자랑한다. 필라멘트의 모양도 선택할 수 있다.

소켓에다 에디슨 전구를 끼우면 요즘 카페에서 많이 보이는 조명이 만들어진다. 천장에 고리를 달아 걸면 펜던트 조명이 되고 벽에 고리를 달아 벽에 달면 벽등이 된다. 에디슨 조명 한 개가 아니라 여러 개를 늘어뜨리면 샹들리에 못지않은 장식 조명이 만들어진다.

동그란 형태, 막대 형태, 촛불 형태 등 다양한 에디슨 전구가 있으니 각자의 공간에 맞게 조합하면 저렴한 금액으로 아름다운 디자인 조명을 만들 수 있다.

홈 파티의 분위기를 살리는 데코 조명

밖에 나가지 않고 집에서 파티나 카페의 분위기를 내는 사람이 늘어나는 추세다. 홈 파티를 할 때 적절히 사용할 만한 조명으로 데코 조명을 추천한다. 특히 크리스마스 분위기를 낼 때 방에 밝은 방등을 끄고 바닥에 은은하게 구슬구슬 빛나는 '앵두 조명'을 두면 분위기가 확 달라진다. 크리스마스 트리에 사용하는 조명보다는 조금 더 커서 '앵두 조명'이라고 부른다.

부드럽고 감성적인 빛을 내는 데코 조명은 홈 파티처럼 특별한 날뿐만 아니라 평상시에도 활용 가능하다. 커튼에 달면 밋밋한 배경에

'백열 전구'와 'LED 전구'

에디슨 조명은 형태가 같아도 '백열 전구'와 'LED 전구'로 나뉜다.
꼭 'LED 에디슨 전구'로 구입하자. 열이 많이 나지 않을뿐더러 전기세도 절약된다. 에디슨 전구라고 검색을 했는데 40W, 60W라는 숫자가 나오면 백열 전구를 뜻하니 넘기고 8W, 10W 정도의 숫자가 적힌 것이 LED 전구다. W가 낮다고 어두운 것이 아니기에 안심하고 'LED 에디슨 전구'로 구입해야 한다.

포인트가 된다. 선반이나 유리병에 뭉쳐 넣어서 무드등으로도 활용이 가능하다.

'앵두 조명' '파티 조명' '줄 조명'이라고 검색하면 다양한 크기와 형태의 데코 조명을 구할 수 있다. 가격도 3m짜리 30구에 1만 원 정도로 저렴하다.

유럽 브랜드 제품이나 고가의 제품만이 공간을 아름답게 만드는 것은 아니다. 주변에서 손쉽게 구할 수 있는 조명 소품도 어떻게 사용하느냐에 따라 포인트 요소가 될 수 있다. 집에서 컴퓨터 작업을 할 때면 꼭 초를 켠다. 작업하다 잠시 쉬고 싶을 때면 은은하게 타오르는 '촛불'을 응시한다. 그 순간만큼은 작업의 고단함을 잊을 수 있다.

촛불도 조명의 한 종류이며 가장 저렴하고 손쉽게 구할 수 있는 조명 소품이라 생각한다. 우리 가까이에는 가성비 좋은 조명 소품이 많이 있다. 손쉽게 공간을 색다른 아름다움으로 채워보자.

간단히 분위기를 바꾸는 촛불 요즘 많은 향초 브랜드가 생기면서 다양한 모양과 색의 향초를 판다. 향초를 켜면, 집안의 향과 분위기를 한 번에 바꿀 수 있다.

인테리어의 포인트가 되는 펜던트 조명

지금 우리 집 주방에는 8만 원짜리 식탁 조명을 설치해두었다. 원래 달려 있던 조명이 공간에 비해 크기가 조금 작은 듯하여 조명을 바꾸려고 마음먹었고 손품을 팔기 시작했다. 모든 조명 사이트를 샅샅이 뒤지다가 마음에 쏙 드는 조명을 발견했다. 스틸이 겹겹이 감싸고 있으며 남색과 하얀색이 조화를 이루는 형태였는데 보자마자 마음을 뺏겼다.

중국에서 파는 조명으로, 20일 정도 걸려서 집에 도착했다. 중국에서 제작하는 조명이기에 배송 기간은 길었지만, 금액은 배송비를 포함해 12만 원 정도로 저렴하게 구매했다. 비슷한 느낌의 조명을 유럽 직구로 구매한다면 50만 원 이상은 주어야 한다.

손품과 발품을 많이 팔수록 아름답고 가성비 좋은 조명을 반드시 찾을 수 있다. 한 번 노력하면 계절마다 혹은 마음이 바뀔 때마다 10만 원 미만으로 식탁 조명이나 플로어 스탠드를 마음껏 바꿀 수 있다. 우울할 때, 기분 전환이 필요할 때, 공간의 분위기를 바꿔보고 싶을 때 큰돈 들이지 말고 조명부터 바꿔보길 바란다.

눈의 피로도를 결정하는 조명 방식

조명의 형태와 모양도 중요하지만 '직접 조명'과 '간접 조명(엣지 방식)'의 차이점을 알고 조명을 고르는 것도 매우 중요하다. 조명과 눈의 피로도는 상관관계가 매우 크다. 조명의 밝음을 떠나서 빛이 바로 직접 비추느냐 간접으로 비추느냐에 따라서 느낌이 달라진다. 햇빛을 예로 들자면 땡볕 아래 햇빛을 오롯이 받는 것이 직접 조명이고 그늘에 들어가서 부드러운 빛을 받는 것이 간접 조명이다.

흔히 우물천장 또는 커튼 박스 같은 곳에 조명을 숨겨서 설치하는

다양한 펜던트 조명의 종류 다양한 종류의 펜던트 장식 조명이 있다. 형태 자체도 아름답지만 빛이 켜졌을 때 반전의 매력을 가진 조명도 있다. 저렴한 펜던트 조명도 고가의 펜던트 조명도 모두 디자인은 매력적이다. 공간에 맞는 펜던트 조명을 골라보자.(사진 출처: 코램프)

것만 간접 조명이라 생각하는데 네모나게 생긴 거실등에도 간접 조명도 있다. 똑같은 형태의 조명이라도 유독 밝아 보이고 쨍해 보이면 조명 기구 커버 안에 LED가 바로 햇빛처럼 내리쬐는 것이다. 반대로 거실 조명이 부드럽고 은은해 보인다면 LED가 측면에 설치되어 빛의 세기가 한 번 걸러져 간접으로 비추는 것이다.

백화점, 갤러리, 사무 공간처럼 집중을 요구하는 공간은 직접 조명으로 빛을 강하게 사용해야 한다. 그래야 상품이 살고 그림이 잘 보이며 세밀한 업무를 진행할 수 있다. 그러나 거주 공간에서는 직접 조명을 강하게 사용할 만큼 밝아야 할 이유가 없다.

집 조명이 너무 밝으면 좋은 것이 아니라 불편하다. 거실등이나 방등도 '직접 조명'과 '간접 조명'이 있다는 것을 기억하고 적절히 잘 활용하자. 아늑하고 은은한 감성의 공간을 원하면 간접 조명을 활용하고 거주 공간 겸 사무 공간을 같이 활용해서 밝을 필요가 있는 공간은 직접 조명을 활용하는 식으로 공간의 특색에 맞게 조명 방식을 선택하면 된다.

원하는 대로 조절하는 디밍 시스템 조명

"디자인이 심플하면서도 특별했으면 좋겠어요. 내가 예민한 건 아시죠? 독서할 땐 매우 환했으면 하고 음악을 감상할 땐 은은했으면 합니다."

심플하면서도 특별한 조명 설계를 어떻게 구현할까? 예민한 감성의 소유자에게 어떻게 다양한 감성과 아늑함을 동시에 느끼게 할 수 있을까? 고민하던 찰나 좋은 생각이 떠올랐다.

'방등과 거실등에 밝기 조절을 할 수 있는 디밍 시스템을 넣자.'

디자인도 놓칠 수 없어 거실 조명에 심플한 패브릭 소재의 바리솔 조명에 주백색의 빛을 적용했다. 고객은 "거실에서 독서를 자주 하는데 독서할 때는 100퍼센트로, 음악을 들을 때는 30퍼센트 정도로, 영화를 감상할 때는 10퍼센트 정도로 조명을 켭니다."라며 자신의 요구에 맞는 조명을 찾아준 것을 고마워했다. 조명은 너무나 다채로운 인테리어이자 건축 요소이다. 조명 자체의 디자인만으로도 공간에 드라마틱한 효과를 낼 수 있고 형태 없이 조명 빛의 색감과 밝기 조절로 공간을 대변신시킬 수 있다.

정형화된 네모난 거실등과 방등을 적용하는 것을 선호하지 않는다. 획일적인 모양의 네모난 거실등과 방등은 특별한 공간감을 주지 못하기 때문이다. 그러나 기존 아파트 인테리어에 익숙한 분들은 꼭 네모난 방등과 거실등을 적용해달라고 요청한다. 고객의 요청대로 방

가평 아난티리조트의 간접 조명 공간 인테리어가 뛰어난 건축물로 알려졌다. 조명도 세심하게 적용되어 있는데, 복도와 계단을 포함한 공용 공간은 대부분 간접 조명만으로 설계되어 있다. 실내 공간도 수직 형태의 느낌을 간접 조명으로 더욱 선명하게 드러내고 있다. 간접 조명으로 건축의 형태미를 드러내고 포인트로 장식 조명을 적용한다면 감성적이고 아름다운 공간이 탄생한다.

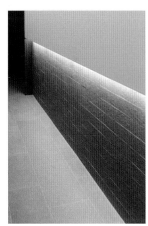

컬러풀 면 조명 크기나 모양을
자유롭게 선택할 수 있다. 조명
의 색이나 밝기도 마음껏 조절
할 수 있다.(사진 출처: CG Lighting)

등과 거실등을 적용하고 나면 고객은 대만족할지 모르나 조명 설계
가로서 뭔가 흡족하지 않다. 그래서 다른 방법으로 특별한 방등과 거
실등을 찾기 시작했다. B2B 조명을 제작하는 공장에서 색상과 밝기
를 조절할 수 있는 방등과 거실등을 개발했다는 소식을 듣고 당장 찾
아갔다.

1.2cm의 매우 얇은 두께지만 감각적인 형태를 띠고 있고 빛을 부
드럽게 만드는 도광판이라는 재료가 사용되어 불을 켰을 때 공간을
더욱 감성적으로 만든다. 미적인 요소도 훌륭하지만, 최첨단 IT 기술
도 적용되어 있다. 공간의 활용도에 따라 빛의 밝기를 조절할 수 있
기 때문이다. 불빛의 색상도 하얗게나 따뜻하게 변경할 수 있다. 가정
에서 구매할 수 있도록 '컬러풀 면 조명'이라 이름을 붙여 판매했고,
정부 인증 마크인 우수 디자인 마크를 부여받았다.

우리 집 조명 인테리어
스타일 잡는 법

보고 또 보면 조명 스타일이 잡힌다

종종 '핀터레스트' '구글 이미지' '네이버 리빙판'을 찾아보곤 한다. 최신 조명 트렌드와 우리나라 사람들이 선호하는 인테리어 트렌드를 읽을 수 있기 때문이다.

핀터레스트에 들어가서 'nordic interior(북유럽 인테리어)' 'antique interior(앤티크 인테리어)' 'modern interior(모던 인테리어)' 등을 검색해 인테리어 스타일 이미지를 모으자. 시간이나 기간을 정해놓고 틈날 때마다 마음에 드는 스타일의 사진을 최대한 많이 모으는 게 좋다. 이미지를 어느 정도 모았으면 거실, 방, 현관, 각 공간에 맞춰 5개씩 이미지를 골라보자. 1안, 2안으로 정리해서 잘 보이는 곳에 붙여 놓거나 컴퓨터 폴더에 담아 수시로 보아도 좋다. 공간별로 스타일이 정해졌으면 조명을 고르고 배치한 후 설치하면 끝이다.

공간을 설계할 때는 면적을 많이 차지하고 중요한 공간부터 계획해 나가는 것이 좋다. 중요한 공간의 인테리어를 결정하면 나머지 공간의 인테리어를 정리해나가는 게 비교적 수월하다. 보통 거실이 가장 커서 거실부터 정리하는 게 일반적이지만 주방이 독특해야 한다면 주방부터, 침실이 주로 생활하는 공간이라면 침실을 먼저 진행하면 된다.

스타일을 정했으면 스타일과 제일 유사한 거실 조명을 고르자. 고

조명 인테리어 스타일 잡기 마음에 드는 다양한 스타일의 인테리어 사진을 모아두고 자주 보면서 우리 집 조명 인테리어 스타일을 정하자.

른 이미지에 간접 조명이 설치되어 있으면 간접 조명 설치가 가능한 공간을 찾자. 간접 조명에 관한 부분이 정리되었다면 고른 이미지와 최대한 유사한 조명을 골라보자. 집 사이즈나 설치 가능 여부에 맞게 조명을 다시 골라야 하는 경우도 간혹 있다. 조명을 한 가지만 고르고 배치하면 곤란할 수 있으므로, 여유 있게 2~3개 정도 골라놓는 게 좋다.

조명을 고른 후에는 거실 평면도를 출력하거나 간략히 그린 다음 배치하자. 조명을 배치할 때 컴퓨터로 한다면 조명 이미지를 평면도에 올리면 된다. 종이로 출력해 작업한다면 조명 이미지도 함께 출력한 다음 오려서 올리자. 상상으로는 잘 떠오르지 않는 우리 집 공간의 이미지가 구체적으로 떠오를 것이다. 나머지 공간도 스타일을 정한 후 조명을 고르고 배치하면 끝이다.

조명은 실제로 봐야 한다

"이케아에서 1만 원 주고 스탠드 조명 샀어. 빨리 왔으면 좋겠다."

그리고 며칠 뒤 저렴한 가격인 이유가 있었다며 후회하는 친구가 있었다. 하지만 이상했다. 이케아는 절대 질 떨어지는 제품을 생산하는 업체가 아니기 때문이다. 무슨 조명을 샀는지 자세하게 물어봤고, 그 친구가 무슨 실수를 하였는지 알게 됐다. 본인이 생각한 조명보다 크기가 매우 작은 걸 산 것이었다. 침실 협탁 옆에 볼륨감 있는 플로어 스탠드로 사용하길 원했는데 본인이 기대했던 조명과 달리 너무 자그마한 조명이 도착했던 것이다.

디자인보다 사이즈 문제인 거 같다고 하니 그제야 본인의 실수를 인정했다. 호텔 로비에 설치된 비슷하게 생긴 플로어 스탠드를 보고 구매한 건데, 호텔 로비에는 친구가 구입한 조명보다 2~3배 정도 더 큰 조명이 설치되어 있었을 것이다. 조명은 디자인도 중요하고 크기에 따라 느낌이 많이 달라지기에 사이즈 체크는 필수다. 같은 디자인이지만 크기가 크면 모던하게 보일 수 있고 크기가 작으면 앙증맞게 보일 수 있다. 조명은 잘못이 없다.

이케아 조명은 디자인도 좋고 가격도 착하므로 예산이 많지 않으나 공간을 북유럽 스타일로 꾸미고 싶다면 이케아 조명을 적극적으로 활용하기 바란다. 사이즈를 잘못 선택하는 실수하지 않으려면 꼭 매장을 방문해서 조명을 보고 고르기 바란다. 조명에 대한 감각이 있지 않으면 조명 사이즈나 실제로 불이 켜졌을 때의 느낌 또한 상상하기 어렵다.

이케아 조명을 쓰지 않더라도, 이케아 매장에 가보는 걸 강력히 권한다. 이케아 매장에 가면 조명을 인테리어에 맞게 놓았을 뿐 아니라 불을 켜 놓고 있어서 조명의 느낌을 확실하게 알 수 있다. 실제 공간

강릉 씨마크호텔에 놓여있는 플로어 스탠드 호텔에 놓인 플로어 스탠드를 보고 사이즈나 불이 켜진 상태를 확인하지 않은 채 구입하면, 집에 어울리지 않을 수도 있음을 늘 명심하자.

에 놓인 조명을 보며 집에 적용하면 이런 느낌이라는 것을 느껴봐야
한다.

'낮에는 이런 모양으로 놓이고, 불을 켜면 공간에 또 다른 느낌을
주는구나.'라는 걸 눈으로 확인한 다음 집에 적용할 조명을 고르자.

집 분위기를 살리는 빛의 색감과 밝기

빛의 색감은 모든 가족 구성원에게도 중요하다. 호텔 같은 아늑한 분
위기를 원한다면 조명 불빛을 따뜻한 색(전구색)으로 세팅해야 한다.
집에서 업무를 많이 보기 때문에 밝아야 한다면 조명 불빛을 하얀색
(주광색)으로 세팅해야 한다.

만약 집에서 업무도 보고 차도 마시고 그림도 그리고 하는 등의 다
양한 활동을 한다면 중간색을 고르면 된다. 중간색이란 '내추럴 색'이
라고도 하는데 하얀색과 따뜻한 색의 중간이며 '주백색'이라 부른다.
요즘 유행하는 조명 불빛 색이다.

공간의 목적은 점점 다양해지고 있다. 북카페처럼 카페에서 음료를
마시면서 책을 읽을 수 있는 공간이라든지 비즈니스호텔처럼 호텔이

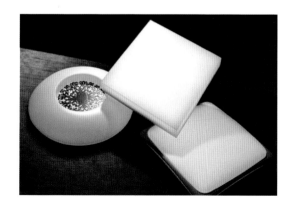

조명의 색감 K의 수치가 높을수록 조
명이 하얀색에 가까워진다. 공간에 어울
리는 조명 색감을 찾아 선택하자.(사진 출
처: CG Lighting)

지만 업무를 주로 보는 공간이라든지 하는 식으로 복합 공간이 많이 생겨난다. 집은 거주 공간이라는 개념도 있지만 '1인 크리에이터'가 직업이거나 재택 근무를 하는 사람에게는 업무 공간이 되기도 한다. 이런 다양한 공간의 성격을 흡수할 수 있는 조명 불빛은 '내추럴 색 (주백색)'이다. 하얀색이지만 미묘하게 따뜻함이 느껴지는 하얀색이다. 조명 불빛은 '따뜻한 색(전구색)' '내추럴 색(주백색)' '하얀색(주광색)'이 있다는 것을 기억하고 '가족의 취향'에 맞게 선택하여 공간에 적용하자.

어두워도 좋은 조명 인테리어가 있다

여성 CEO 집의 조명 설계를 맡은 적이 있다. 외부에서 왕성하게 활동하면서 스트레스를 많이 받아 집은 아예 외부와 차단되길 원했다.

공간의 목적에 맞는 조명 밝기 꼭 모든 조명이 밝을 필요는 없다. 공간을 사용하는 사람과 공간의 목적에 따라 조명 밝기를 조절해야 한다.

건축과 인테리어도 매우 사적인 공간으로 표현했고 조명도 차분함을 넘어서 빛이 거의 없게끔 만들고자 노력했다. 최소한의 빛만 존재하는 테마를 잡고 모든 조명이 눈에 보이지 않도록 설계를 진행했다. 기구 형태는 전혀 안 보이지만 빛은 존재하는 공간을 완성했다. 식탁 조명과 스탠드 조명도 '블랙 스틸'로 된 형태를 적용해 간결하면서도 빛은 아래로만 똑 떨어지는 느낌을 조성했다.

"너무 어둡지 않을까?"
"이 아름답고 햇살 좋은 남향에 집을 확 드러내고 싶지 않으신가?"

프로젝트를 진행하는 사람끼리 수많은 이야기가 오고 갔다. 그러나 아무리 위치와 햇살 좋은 곳에 집을 짓더라도 그곳에 사는 사람의 마음에 들어야 한다. 취향을 무시하고 설계하면 사는 내내 불편함을 느낄지 모른다.

경기도에 유명한 사찰의 조명 설계를 맡은 적 있다. 진행하면서 스님이 거주하는 공간을 보고 깜짝 놀랐다.

"스님, 다른 공간은 스케일이 대단한데 스님 방은 딱 스님만 누우실 수 있겠어요."
"이 정도면 충분하지. 작은 공간은 나에게 편안함을 줘."

방문하는 사람을 위한 공간은 건축적으로도 멋지고 웅장하게 조성되었다. 그에 비해 너무 작은 스님 방을 보고 종교인이 아무나 되는 게 아니라는 생각이 들었다. 스님의 공간에 더욱 아늑하고 편안한 느낌을 주기 위해 간접 조명을 적용했다.

취향과 목적을 반영하는 조명 인테리어

우리 집 식탁은 완전한 나만의 공간이다. 가족을 위해 음식을 차리는 공간이기도 하지만 일하는 공간이기도 하기 때문이다. 집에서는 별도로 업무 보는 책상을 두지 않고 식탁에 노트북을 두고 업무를 본다. 그러기에 우리 집 식탁 조명은 디자인 측면에서는 공간과 어우러져야 하며 밝기 측면에서는 업무 보기에 적합해야 한다.

"식탁에서 일하기에는 어둡지 않아?"

식탁에서 업무를 본다고 하면 다들 걱정한다. 우리 집 식탁 조명은 내가 새로 만들지도 않았고, 다른 집 식탁 조명보다 크지도 않다. 단지 스틸로 된 빛을 모아주는 식탁 조명을 사용할 뿐이다.

식탁 조명의 재질은 패브릭일 수도 스틸일 수도 전구가 노출된 형태일 수도 있다. 패브릭 스타일과 전구 노출 스타일은 빛이 공중에

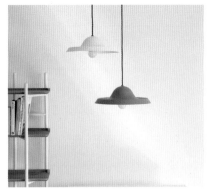

식탁 조명　스틸 재질, 반원 변형 형태의 식탁 조명은 빛을 아래로 모아준다. 식탁에서 독서도 하고 그림도 그리는 등의 다양한 활동을 한다면 빛을 아래로 모아주는 식탁 조명을 사용하자. 식사할 때의 밝기도 활동을 할 때의 밝기도 모두 만족시킬 수 있다.

부드럽게 흩뿌려진다. 은은한 감성적인 분위기와 스타일을 추구하는 집에 적합한 조명이다. 식탁을 다용도로 활용할 목적으로 어느 정도의 밝기가 필요하다면 빛을 아래로 모아주는 조명을 사용해야 한다. 재질이 스틸이 아니면 빛이 공중으로 흩어지기 때문에 스틸 조명을 사용해야 한다. 이렇듯 조명은 디자인과 밝기 두 가지 측면을 모두 고려해야 하기에 공간을 사용하는 사람의 '취향'과 '목적'을 반드시 고려해야 한다.

내 취향과 가족의 취향은 다르다

그동안 많은 사람과 다양한 공간의 조명 설계를 진행했다. 완벽하게 아름다운 공간은 누군가에게는 너무 많을 수도 있고 어떤 사람에게는 아예 없을 수도 있다. 아무리 아름다운 공간이라도 공간에 사는 사람의 '취향'에 맞아야 완벽한 공간이 되는 것이다. 어둠을 원하는 사람에게는 어둠을, 은은함을 원하는 사람에게는 온화한 빛을, 밝음을 원하는 사람에게는 찬란한 빛을 주어야 사는 사람에게 완벽하게 아름다운 공간이 되는 것이다.

우리는 사실 가족의 취향을 너무 모르고 있을 수도 있다. 딸아이와 목도리를 사러 갔다. 당연히 좋아하는 게임 캐릭터의 목도리를 고를 줄 알고 아동용 목도리 파는 곳으로 데려갔다. 딸아이는 마음에 드는 것이 없다며 아까 오면서 봐둔 게 있다고 말했다. 함께 가보니 어른용 목도리를 파는 곳에서 하얀색 에코 밍크 쁘띠 목도리를 골랐다. 하루종일 목도리가 마음에 든다며 행복해했다. 가족의 옷이나 액세서리 취향도 잘 모르는데, 공간과 조명에 대한 취향을 안다는 생각이 들면 착각일 확률이 높다.

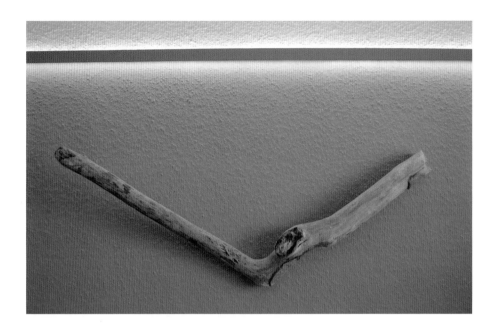

취향이 있는 조명 의미 있는 소품을 간접 조명의 불빛으로 빛의 액자를 만들어주고 있다. 머무는 사람의 감성이 고스란히 조명에 반영된다. 늘어트린 데코 조명에서 무드가 있는 일상을 꿈꾸는 마음을 엿볼 수 있다.

"빛의 색상이 세 가지가 있는데 무슨 색상이 좋니?"

"방이 호텔처럼 은은했으면 좋겠니? 교실처럼 밝았으면 좋겠니?"

질문을 던지며 가족의 취향을 파악하자. 질문을 많이 던질수록 가족의 취향을 더 잘 알 수 있다. 간단한 설문지를 만들어도 좋다. 조명을 고를 때 나만의 취향이 아닌 가족 개개인의 취향을 고려해주자. 개개인의 개성을 존중하여 가족들에게 꼭 맞는 아름다운 공간을 선물하면 그곳에 사는 사람들은 언제나 편안하고 행복한 기분을 느끼게 될 것이다.

낮보다 밤이 아름다운
동유럽의 비밀

'인천대교 야간 경관 프로젝트'와 '영종도 조명 마스터플랜' 등 최대 규모 조명 프로젝트를 연달아 끝낸 후 매우 지쳐 있었다. 옆 팀 신입은 두 번 쓰러진 후 결국 퇴사할 정도로 모두가 살인적인 스케줄을 소화하고 있었다. 조금 쉬고 싶어 고민이 드는 참이었다. 그러던 참에 팀장님이 불렀다.

"유럽 가서 머리 좀 식히고 올래? '큰나무 디자인 장학회' 알지? 추천해줄게."

뛸 듯이 기뻤다. 선발된 대학생과 교수님, 회사 사람들과 2주 동안 동유럽 문화 체험을 하며, 동유럽의 디자인 명소를 전문가들과 함께 방문해 경험과 생각을 나누는 현지 워크숍이었다. 이 동유럽 건축 기행으로 조명 인생에 전환점을 맞이했다.

이름만 들어도 낭만적인 프라하의 밤은 낮보다 훨씬 아름다웠다. 아름다움을 넘어서서 황홀하기까지 했다. 황홀한 야경을 만드는 요소가 무엇일까 살펴보니 바로 '조명'이었다. "야경이 너무 멋지다." "환상적인 밤이다." 같이 간 대학생과 교수님의 탄성이 곳곳에서 들렸다. 프라하의 야경은 나에게 큰 충격을 주며, 지금까지 해왔던 조명 설계 작업을 반성하게 했다.

체코 프라하 프라하의 밤은 낮보다 더욱 아름답다. 은은한 빛이 건축물의 의미를 낮보다 밤에 더 깊이 있게 드러내기 때문이다.

당시 조명 설계를 할 때는 '어떻게 조명으로 공간에 포인트를 주지?' '조명으로 독특한 공간을 만들어야 하는데…….' '이 공간에 꼭 맞는 장식 조명을 디자인하고 말 테야!'라며 조명을 확 드러내거나 건축물에 어울리는 조명으로 공간을 독보적으로 만들려고 부단히 노력했었다. 그런데 프라하의 조명은 아름답지만 단순했고 여백의 미를 지니고 있었다. 그때 깨달았다. 조명이 없는 과감한 공간 설계도 조명 설계라는 사실을 말이다. 조명을 공간에 적용하지 않고 여백의 미를 살리는 조명 설계의 세계로 한 발짝 나아갔다.

프라하의 야경이 아름다운 이유는 조명이 심플하게 적용되었기 때문이다. 아름다운 형상의 건축물에 조명의 기교를 넣으면 넣을수록 어색한 옷을 입은 미인이 되고 만다. 프라하의 건축물은 황홀하게 아름답기에 그 형상을 은은한 불빛으로만 비춰도 그 자체로 훌륭한 조명 기법으로 작용한다. 프라하에는 건축물을 은은히 비추는 조명과 거리에 감성을 더하는 앤티크한 공원 조명뿐이지만 그걸로 충분하다.

오늘날 우리나라의 야경은 어떠한가? 화려하다 못해 과하다. 조명 설계는 공간에 조명을 더하고 더하는 작업이 아니다. 공간에 빛을 더하고 더하는 작업이다. 물론 조명 외형과 조명이 내뿜는 빛이 둘 다 중요하지만 우리는 외형만 중시하는 경향이 짙다. 조명이 내뿜는 불빛은 밝음으로 통일해버린다. 프라하의 조명은 화려하지도 밝지도 않다. 은은하며 감성적이다.

프라하에서 크로아티아로 향했다. 크로아티아의 스플리트라는 도시는 지중해의 진주라고 불릴 정도로 아름다운 곳이다. 호텔에서 도착하기 전부터 기대감에 젖었다. '로비에는 어떤 샹들리에가 적용되었을까?' '샹들리에는 유명 브랜드를 사용했을까? 아니면 직접 제작한 것일까?' '지중해 감성을 담은 샹들리에는 어떤 느낌일까?'

호텔로 들어서면서 또 한 번 충격을 받았다. 호텔 로비에는 샹들리에 대신 세로로 놓인 대형 패브릭 펜던트 조명이 줄지어 걸려 있었다. 지중해를 닮은 아니 그보다 더 화려한 색감을 자랑하고 있었다. 대형 펜던트 하나에 채도가 다른 네 가지 색상의 패브릭이 적용되어 있었다. 고급 호텔에 틀에 박힌 관념이 산산이 깨졌다. 마치 전통적인 명품 디자인에 혁신을 가한 느낌과 유사했다. 고급스러움은 유지하면서도, 지중해만의 스타일을 살린 분위기였다. 조명 설계의 다양성을 다시 한 번 생각하게 되었다.

　　동유럽 건축 기행으로 조명 설계가 더욱 다양해졌고 사유의 깊이

크로아티아 스플리트의 래디슨블루 호텔 다양한 패브릭 형태의 펜던트 조명이 호텔 로비를 장식한다. 동유럽의 조명은 다양한 소재를 적용해 순수함과 자유가 담긴 아름다움을 자랑한다.

가 더해졌다. 자동차를 튜닝할 때 좋아하는 디자인이라고 모두 적용하면 오히려 촌스러워지듯 공간도 때로는 쉼이라는 디자인이 필요하다. 이전의 조명 설계는 밝음이 주였지만 지금은 밝음과 빛의 여백을 아우르는 설계를 하고 있다. 조명 설계를 할 때는 조명의 외형 디자인과 더불어 조명이 내뿜는 빛의 중요성을 동시에 고려해야 한다. 공간이 화려할수록 조명 여백의 미와 빛의 감성을 살리면 어떨까?

*

셀프 조명 인테리어,
어떻게 시작할까?

인테리어의 완성은
조명이다

집의 분위기가 달라지는 조명 교체

한 프로그램을 보다가 여자 연예인이 혼자 거실등을 바꾸는 장면이 나왔다. 등을 가는 여자가 나 혼자가 아니라는 것이 너무 반가웠다. 전화번호를 알았다면 당장 전화했을 것이다. "방등, 거실등도 여자 혼자 바꿀 수 있어."라고 아무리 외쳐도 다들 시큰둥해 하는데 조명 바꾸는 걸 쉽게 생각했으면 좋겠다.

거실등을 바꾸기 전까지 그 연예인의 집을 보면서 '본인의 스타일보다 조명이 너무 평범한데? 특별한 조명이 나올 때가 되었는데……'라는 생각이 들었다. 그리고 드디어 저녁에 거실 조명을 교체

집을 변화시키는 다양한 조명 나의 스타일에 맞는 조명을 찾아 집에 적용해보자. 조명의 종류나 느낌에 따라 집의 분위기를 순식간에 바꿔놓을 것이다.

하기 시작했다. 프로그램의 첫 시작에 그녀는 거실에 나와 소파에 기댄 채로 휴식을 취하며 하루를 시작했다. 거실 천장을 바라보며 네모난 거실등이 마음에 들지 않아 이를 교체할 결심을 했을 것이다. 사각 거실등이 환하게 켜지는 순간 집이 사무실처럼 너무 밝아 마음에 들지 않았으리라. 즉시 그녀는 거실등을 뗀 뒤, 라탄 스타일의 볼륨감 있는 펜던트 조명을 달았다.

"인테리어의 마지막은 조명이지 않을까 싶습니다."라고 확고한 신념을 밝힌 그녀가 너무나도 사랑스럽게 보였다. 조명 하나로 자취방에서 고급 리조트 느낌으로 대변신한 것이다. 아담한 집일수록 거실등이나 방등 한 가지만 바꿔도 드라마틱한 효과를 연출할 수 있다. 일단 거실에 달린 네모난 거실등을 떼고 당장 펜던트 또는 레일 조명을 달아보자. 우리 집은 어느 순간 내가 기대한 것보다 더욱 드라마틱하게 변해 있을 것이다.

조명도 가구처럼 골라야 한다

이사하거나 인테리어를 할 때 제일 먼저 바꾸는 것은 가구다. 가구를 고를 때 디자인과 기능을 두루 살펴서 고른다. 좀 더 구체적으로 생각하면 붙박이장은 보통 실용성에 무게를 두고 국내 제품을 사용한다. 고액을 주고 해외 브랜드 붙박이장 제품을 사용하는 사람은 드물 것이다. 반면에 소파나 테이블 등 눈에 잘 띄는 가구는 브랜드 제품을 구입한다. 즉 사용성에 중점을 두는 가구는 가성비 좋은 제품으로, 눈에 많이 띄는 가구는 고가의 제품으로 구입한다. 고가의 제품이 모두 훌륭하고 저가의 제품이 안 좋은 것은 아니지만, 사람들은 돈을 좀 투자하더라도 눈에 잘 띄는 가구를 아름다운 것으로 선택하고 싶어 한다.

눈에 띄는 장식 조명 눈에 잘 띄는 조명은 비싸더라도 아름답고 마음에 드는 것으로 고르자. (사진 출처: 잉고 마우러)

조명도 가구를 고를 때처럼 생각하면 된다. 밝기에 초점을 둔 조명은 가성비 좋은 조명으로 고르고 눈에 잘 드러나는 장식 조명은 고가여도 내 마음에 쏙 드는 조명을 구매해야 후회 없다. 매입 조명, 간접 조명, 방등, 거실등은 예산을 정해놓고 예산 내에서 마음에 드는 조명으로 구입하자. 한 가지 제안을 하자면, 거실에는 거실등 대신 매입 조명으로 세팅하길 바란다. 적정한 밝기에 맞는 조명들을 저렴한 것으로 골랐다면 절약된 돈을 장식 조명에 투자하자. '노르딕네스트' 같은 해외 직구를 활용해도 좋고 '이케아' 같은 국내 사이트를 활용해도 좋다. 식탁 조명, 스탠드 조명, 벽등은 금액이 나가더라도 꼭 내 마음에 드는 제품으로 세팅하자.

꼭 마음에 드는 장식 조명을 쓴다

한번은 급히 이사하는 바람에 식탁 조명을 고를 시간이 부족했다. 평소 봐왔던 식탁 조명 중에 괜찮아 보이는 것을 주문하여 식탁에 달았다. 시간이 지날수록 눈에 거슬려 결국은 식탁 조명을 바꿨다.

공간에서 디자인적으로 돋보이는 장식 조명은 시간이 지날수록 눈에 더 잘 띄는 매력 요소로 작용한다. 내 마음에 쏙 드는 식탁 조명이나 스탠드 조명을 공간에 놓으면 조명을 켤 때마다 항상 기분이 좋다. 그러나 반대로 마음에 썩 내키지 않는 장식 조명을 달면 그 조명을 켤 때마다 계속 눈에 거슬린다. 장식 조명은 집안 분위기를 '확' 바꿔주기에 다소 고가여도, 시간이 좀 더 걸리더라도 내 마음에 쏙 드는 조명으로 세팅해야 한다.

한번은 '노르딕네스트' 사이트에 접속하여 조명을 보는데, 마음에 드는 식탁 조명을 할인해서 팔고 있었다. 배송비까지 더해서 10만 원도 안 되는 돈으로 로얄 코펜하겐 스타일 식탁 조명을 직구할 수 있다. 마음에 드는 플로어 스탠드는 살펴보니 50만 원이다. 이럴 때는 마음에 들었던 조명 이미지를 저장해놓고 비슷한 스타일의 조명을 이케아와 한국 사이트에서 찾는다. 무엇보다 손품을 많이 팔아야 한다. 밝기를 담당하는 조명은 가성비 좋은 것으로, 장식 조명은 내 마음에 쏙 드는 것으로 구입해야 집안 분위기를 살려줄 수 있다.

기분이 좋아지는 장식 조명   시간이 걸리더라도 기분이 좋아지는 조명을 놓자. 특히 자주 사용하는 식탁 조명은 꼭 마음에 드는 조명을 고르는 게 좋다.

작은 변화부터
일으키자

작은 촛불 하나로도 공간이 바뀐다

조명을 바꿔주고 긍정적인 피드백을 받으면 '끊임없는 노력으로 아름다우면서도 다양한 감성을 줄 수 있는 조명을 개발해야겠다.'라는 사명감이 절로 생긴다. 우리는 일상에서 이미지를 확 바꾸고 싶을 때 보통 헤어스타일부터 바꾸는 경향이 있다.

사람의 이미지가 헤어스타일 하나만으로 대변신이 가능하듯, 공간도 하나만 바꾸어도 대변신이 가능하다. 특히 조명은 공간 분위기를 변신시키는 마법을 부린다. 침실에 스탠드 조명이 없다면 이번을 계기로 조명을 바꿔보길 권유한다. 조명 하나만 설치해도 드라마틱한

조명에 따라 달라지는 공간의 느낌 같은 공간에 어떤 조명을 놓느냐에 따라 공간의 분위기가 달라진다.

공간 변화를 체험할 수 있다.

당장 테이블 스탠드(단 스탠드) 조명을 구입하기 어렵다면 대신 촛불을 켜보자. 방등을 켰을 때는 환하기만 했던 방이 갑자기 분위기 있게 변한다. 이제 테이블 스탠드를 촛불 대신 놓았다고 상상해보자. 침실이 은은하고 감성적으로 변해 있는 모습을 상상할 수 있을 것이다.

촛불도 조명의 한 종류다. 촛불 하나만으로도 공간이 대변신하듯 조명도 마찬가지다. 촛불은 형태와 느낌이 비슷하지만 조명은 종류가 다양하다. 형태, 색상, 불빛의 밝기 등 조명 안에는 다양한 요소가 존재한다. 그렇기에 조명을 바꾸면 동시에 여러 가지 요소가 공간에 영향을 미친다. 공간을 드라마틱하게 바꾸고 싶다면 조명만 바꾸면 된다는 사실을 기억하자.

전등 갓만 바꿔도 다른 조명이 된다

이미 스탠드 조명이 있는데, 기분에 따라 집안 분위기를 바꾸고 싶다면 전등 갓을 바꿔보자. 전등 갓을 바꾸기만 해도 커튼을 바꾼 것처럼 색다른 느낌을 줄 수 있다. 의외로 전등 갓을 많이들 바꾸기 때문에 손쉽게 구할 수 있다. 교체도 너무 쉽게 할 수 있다. 전구를 빼고 갓을 바꾸고 다시 전구 끼우면 끝이다.

북유럽 직구 사이트에서도 '전등 갓' 카테고리에 들어가면 5만 원 정도 금액으로 마음에 드는 전등 갓을 고를 수 있다. 지금 '노르딕네스트' 전등 갓 카테고리를 보고 있는데 보라색의 전등 갓이 마음에 들어 살까 말까 심각하게 고민 중이다. 이케아에도 '전등 갓' 카테고리가 따로 있다. 1만 원 전후의 가성비 좋은 괜찮은 전등 갓들이 눈에 보인다.

전등 갓에 따라 달라지는 조명의 분위기 다른 색, 다른 질감의 전등 갓으로 바꾸면 조명의 느낌이 완전히 달라진다. 기존에 있는 조명이 지겨워졌다면, 새로운 전등 갓을 찾아 바꿔보자.

손재주가 있다면 전등 갓을 리폼할 수도 있다. 기존 갓의 패브릭은 쉽게 떼어낼 수 있고, 만약 패브릭이 단색의 화이트 계열이라면 그냥 활용해도 좋다. 패브릭을 떼어내면 형태를 잡아주는 속지가 나타난 다. 그곳에 내가 원하는 패브릭을 자르고 바느질하여 양면테이프나 접착제로 붙이면 끝난다. 인터넷에 '전등 갓 리폼'이라고 치면 수많은 사례를 볼 수 있으며 생각보다 간단하다는 것을 알 수 있다.

간단한 조명 교체로 리모델링 효과 주기
거실등이 네모나게 생긴 평범한 조명이라면 간단하게 거실등만 바꿔

거실등에 따라 달라지는 집안의 분위기 샹들리에, 실링 팬 조명, 매입 조명 등 다양한 조명을 거실에 사용할 수 있다. 외국의 집처럼 다양한 조명을 거실에 사용해서 집안의 분위기를 바꿔보자.

도 굉장한 리모델링 효과가 난다. 거실등을 고를 때는 우리 집에 어울리면서도 포인트가 될 만한 아름다운 조명으로 고르자. 외국 집을 보면 샹들리에, 펜던트 조명, 실링 팬 조명처럼 형태가 아름다운 조명이 거실 중앙을 채우고 있다. 우리나라만 유독 거실 중앙에 심플한 사각 조명을 사용한다.

이렇게 생각해보면 어떨까? '다른 모든 집이 너도나도 개성 없이 거실에 사각 조명을 사용할 때 우리 집만은 사각 조명을 탈피해 새로운 스타일의 조명을 시도해보는 거야.' 이러한 발상의 전환이 아마도 다른 집과는 차별화된, 인테리어가 멋진 우리 집을 만들어줄 것이다.

성공적인 셀프 조명
인테리어를 위한 준비

평면도를 보면 조명의 위치가 보인다

모든 공간은 MD(Mechanical Design) 도면(CAD 같은 컴퓨터 도면 작성 프로그램을 사용해 출력한 도면) 위치에 따라 조명 위치가 달라진다. MD 도면 위치라고 하니 어렵게 느껴질 수도 있지만, 간단히 말하면 가구의 위치다. 가구의 위치를 선정한 후에 조명의 배치를 기획해야 한다. 가구 위치를 고려하지 않은 채 짐작으로만 조명 위치를 잡으면 매우 곤란한 상황이 생길 수 있다.

"식탁이랑 식탁 조명 위치가 안 맞아."

자주 일어나는 곤란한 상황이다. 식탁 위치를 고려하지 않은 상태로 식탁 조명을 달면 대부분 식탁과 조명의 위치가 맞지 않는다. 조명 위치에 식탁을 맞추면 공간에서 식탁이 차지하는 자리가 이상하고 식탁을 공간에 맞추면 조명이 식탁 중앙에 뚝 떨어지지 않는다. 식탁 조명이 식탁 중앙에 자리 잡지 못하면 보기에도 어색할 뿐만 아니라 식탁이 어두워서 생활하기에도 불편하다.

거실도 마찬가지다. 거실에서 밝아야 할 부분은 정중앙이 아니라 생활하는 공간이다. 소파 앞 테이블에서 차를 주로 마시면 거실 정중앙이 아니라 소파 앞 테이블 위에 조명이 있어야 한다. 침실에서

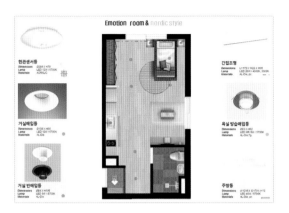

컴퓨터 활용 방법　파워포인트를 활용해 조명 설계를 진행할 수 있다. 평면도를 중앙에 배치한 후 공간의 분위기, 콘셉트를 평면도 상단에 기재한다. 공간의 활용도를 상상하며 조명의 위치를 점과 선으로 표시한다. 실제 조명의 크기와 유사하게 점과 선을 표시하면 실제 설치했을 때의 크기를 예상하기 편하다. 조명이 설치될 위치를 선정하였다면 공간의 분위기와 어울리는 조명을 선택한다. 조명 선택시 공간의 조명 배치를 조금씩 수정해가며 완성도를 높인다.

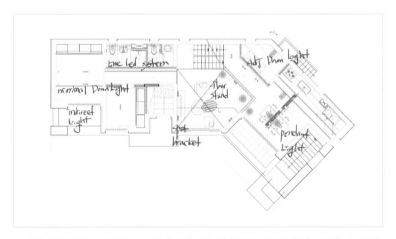

스케치 활용 방법　공간의 크기와 소파, 식탁, 침대등의 가구와 욕실 수전을 스케치한 후 조명 배치를 진행한다. 노란색 색연필로 빛이 퍼지는 느낌을 상상하며 가구의 위치에 맞춰 조명의 위치를 표시한다. 조명의 위치를 표시한 후 공간의 분위기와 어울리는 조명을 선택한다.

책을 즐겨 읽는다면 독서를 위한 조명이 반드시 있어야 한다. 이렇듯 거주하는 공간의 가구 위치에 따라 조명 배치가 달라져야 하기에 MD 도면을 세심하게 그려야 한다.

아파트에 거주한다면 인터넷에 본인의 아파트 평면도를 검색하면 쉽게 구할 수 있다. 그렇지 않다면 줄자로 공간의 크기를 재서 그리면 된다. 컴퓨터를 활용해도 좋고 종이에 그려도 좋다. 평면을 그린 후에는 먼저 구석구석 가구를 배치해보자. 식탁, 협탁, 책상, 화장대 등 모든 공간의 MD 도면을 세세히 그리자. 이것이 선행되어야 조명을 고르고 배치할 수 있다.

MD 도면 활용해서 조명 설치하기

실제 호텔이나 집 프로젝트를 진행할 때도 천장 도면뿐 아니라 MD 도면이 나온 후에 조명 전문가가 조명 배치를 진행한다. 가구 위치와 모든 집기의 위치를 잡은 후에야 공간에 딱 맞고 생활하기에 편리하게 조명을 배치할 수 있기 때문이다.

기존에 살던 공간을 인테리어 한다면 기존 조명의 위치도 표기해야 한다. 정확히 이야기하면 기존 조명을 표기하는 목적이 아니라 현재 전선이 인발되어 있는(뽑힌) 상태를 표기하기 위해서다. 기존 조명의 위치를 표시했다면 기존 조명을 다른 조명으로 교체만 할 것인지, 조명이 없던 곳에 조명을 더 달거나 조명 위치를 바꿀 것인지 결정해야 한다.

"식탁 조명 위치를 바꿀 거예요. 기존 식탁 조명 자리 메꾸고 다른 위치에 달 거예요."

"방등이 달려 있는 위치에 다른 조명을 달 거예요."

조명 사양서는 무엇일까?

집 크기와 구조를 그리고 가구 위치를 그린다. 그리고 기존 조명 위치도 표기한 후 새로 설치할 조명 위치를 표기하면 된다. 조명도 골라서 사이즈와 이미지를 출력하자. 그것이 바로 조명 도면과 조명 사양서이다. 조명 도면과 사양서를 사진으로 찍어서 전기기사에게 보내자. 모두 설치 가능하다고 할 것이고 정확한 금액을 말해줄 것이다. 조명의 모양새와 위치를 보면 필요한 부속품을 챙겨올 수 있기 때문에, 손쉽게 조명 설치를 진행할 수 있다.

조명 사양서 예시

"화장실에는 매입 조명 타공을 하나 더 해주세요. 조명 추가할 거예요."

실제로 인테리어를 진행할 때 전기기사에게 하는 이야기다. MD 도면과 기존 조명 도면을 그린 후에 어떻게 조명을 배치할지 그려두면, 전기기사에게 정확하게 설명하고 확실한 견적을 받을 수 있다. 조명 교체나 추가를 제대로 말하지 않으면, 공사 진행도 잘 안 될 뿐더러 금액도 많이 차이가 나 실랑이를 벌이게 된다.

"도면이 완벽하면 공사는 쉽다."

공간 설계를 하는 사람이라면 100퍼센트 동의하는 말이다. 설계 도면이 완벽하면 누가 와도 쉽게 공사를 할 수 있다. 조명 위치 표기나 조명 사양서가 완벽하면 시공은 매우 쉬운 일이다. 거주 공간의 조명 도면과 사양서도 직접 완벽하게 만들 수 있다.

집에 딱 맞는 조명을
고를 수 있는 곳

조명 거리를 찾아가다

조명을 바꾸기로 마음먹었다면 발품을 많이 팔자. 예산이 넉넉하지 않으면 을지로 조명 상가(주로 국내 제품 취급)를 방문하고 예산이 충분하면 논현동 조명 상가(주로 해외 제품 취급)를 방문하면 된다.

마음에 드는 조명을 고른 후 예산이 넘어가면 비슷한 스타일의 저렴한 조명을 추천해 달라고 부탁하자. 질문을 많이 하고 오래 구경할수록 좋은 조명을 구입할 기회를 많이 얻을 수 있다. 수많은 조명을 판매하고 있기에 조명 가게에서 때로는 소비자에게 알려주고 싶지만 생각이 나지 않아 소비자가 물어보기 전에 미처 알려주지 못하는 유용한 정보도 많다.

"저렴하게 살 수 있는 디스플레이 조명 있나요?"
"세일이나 창고 대방출 기간은 언제일까요?"

조명 가게에는 질 좋은 상품이지만 재고로 남아 자리만 차지하는 제품이 있다. 잘만 고르면 꼭 필요한 조명을 좋은 가격에 고를 수 있다. 을지로나 논현동에 위치한 조명 가게는 종종 겨울에 창고 대방출 세일을 한다. 예전에는 모든 조명 가게가 일제히 같은 날짜에 세일을 했지만 지금은 조명 가게마다 자체적으로 진행하고 있다. 평소에

봐둔 조명 가게가 있다면 미리 체크해놓자. 논현동 조명 가게의 수입 조명 세일 기간에 맞춰 들러 오랜 시간 머무르면 좋은 가격으로 마음에 쏙 드는 조명을 구입할 수 있다.

해외의 비싼 조명만이 좋은 제품은 아니다. 국내 조명이나 중국산 조명도 디자인이 좋을 수 있고 우리 집에 어울릴 수 있다. 물론 예산에만 너무 맞춰 조명을 선택하면 반드시 후회하게 된다. 특히 눈에 많이 띄는 식탁 조명과 플로어 스탠드는 신중을 기해 선택해야 한다.

논현동 조명 상가 주로 해외 제품을 취급하는 논현동 조명 상가.

을지로 조명 상가 주로 국내 제품을 취급하는 을지로 조명 상가.

우선 원하는 조명 스타일을 고르자. 그러고 나서 금액을 낮출 수 있는 방법을 찾는 것이다. 비슷한 느낌의 이케아 조명이 있거나 직구 사이트에서 세일을 하고 있는지 알아본다. 혹시 국내 사이트에서도 비슷한 조명을 찾을 수 있는지 손품을 많이 팔자. 손품을 팔았으면 이케아 매장이나 을지로 조명 상가, 논현동 조명 상가도 가보자. 조명에 대한 감성을 높이면서 손품, 발품을 팔면 우리 집에 딱 맞는 저렴한 조명을 반드시 고를 수 있다.

직구 사이트로 집에 어울리는 조명 찾기

'직구 조명'이라고 인터넷에 검색하면 많은 사이트가 나온다. 본인이 자주 이용하는 해외 직구 사이트가 있다면 이를 활용해도 좋다. '조명' 카테고리를 클릭한 후 정렬 기준을 낮은 가격순으로 맞추자.

페이지를 넘기다 보면 5만 원 선부터 구매할 수 있는 식탁 조명, 플로어 스탠드, 벽등이 보이기 시작한다. 세일 상품이 먼저 보이기 시작할 것이므로 이 중에서 마음에 드는 조명이 있다면 저렴한 가격으로 조명을 구할 수 있다. 절대 디자인이 우수하지 않아서 가격이 저렴한

잉고 마우러의 '천사 조명' 잉고 마우러의 스테디셀러인 '천사 조명'을 세일 기간에 사면 좋은 가격에 구입할 수 있다. (사진 출처: 잉고 마우러)

것은 아니다.

수량이 소량 남았거나 브랜드에서 곧 신제품 출시 예정인 경우 등의 이유로 가성비 좋게 판매하는 것이다. 의류로 예를 들면 백화점 브랜드에서도 같은 디자인이어도 스몰 사이즈가 딱 한 장 남았다면 저렴하게 판매하는 이치와 같다.

비싸다고 무조건 훌륭하고 좋은 조명이 아니다. 우리 집 공간에 어울리고 스타일에 맞아야 좋은 조명이다. 유명 인사들이 무조건 신상품의 옷이나 가방만 고집하는 게 아니듯, 조명 또한 최신 스타일이어야만 좋은 것도 아니다. 잉고 마우러나 루이스 폴센의 수많은 스테디 셀러 조명처럼 잘만 고르면 세일 가격에 직구 사이트에서 구입할 수 있다.

해외 제품만큼 우수한 국내 제품

"식탁 조명을 3년 정도 사용하니 슬슬 질리기 시작하네."
"그럼 바꿀 때가 된 것이죠."
"식탁 조명만은 자주 바꾸고 싶은데 마음에 드는 건 비싸네."

같은 대학에서 인테리어 과목을 가르치는 교수가 어느 날 고민을 털어놓았다. 인테리어를 가르치는 분이기에 평소 조명에도 관심이 많았다. 식탁 조명을 교체하기 쉬운 걸 알아 마음 같아서는 계절마다 바꾸고 싶은데 항상 돈이 문제라고 하셨다.

"혹시 해외 유명 브랜드 제품만 선호하시나요? 해외 유명 제품 조명 느낌이 나면서도 금액이 저렴한 국내 제품을 사용하실 생각 있으세요?"라고 말씀드리니 정말 그런 조명이 있느냐고 되물어보셨다.

그런 조명이 있다. 호텔 장식 조명 위주의 질 높은 조명을 생산하는 조명 공장의 제품은 디자인과 제품의 질은 해외 제품만큼 우수하지만 금액은 절반도 안 된다. 물론 이런 제품을 구입하는 데는 약간의 애로 사항이 있다. 그런 우수한 조명을 제조하는 조명 공장에서는 개인 소비자에게 판매하지 않는다는 점이다. 몇몇 유통업체, 쇼핑몰이 B2B 조명 공장과 상품 한두 개 정도만 계약을 맺고 판매하고 있다. 관심이 있다면, 이제부터 손품을 많이 팔자. 그러면 질 좋은 장식 조명을 저렴한 가격으로 구매할 수 있다.

국내 제품도 해외 제품의 디자인만큼 훌륭하다

평소 거래하던 공장을 방문했는데 새로운 조명을 만들고 있었다. 마침 다 완성되어가고 있는 터라 조금만 기다려서 보고 가라 하는 덕분에 공장에서 이것저것 구경하며 시간을 보내고 있었다. 그러다 구석에서 눈에 띄는 장식 조명 하나를 발견했다. 디자인이 꽤 괜찮아서 "이거 사장님이 디자인하신 거예요?"라고 물어보니 어떤 현장에서 만들어달라고 해서 물량만큼만 생산하고 딱 한 개 남은 거라고 하셨다. 그로부터 1년 정도 뒤에 비슷한 형태의 조명이 해외 브랜드에서 생산되었다.

제품을 생산하다 보면 비슷한 제품이 나올 수도 있다. 유명한 브랜드라고 항상 디자인이 좋은 것도 아니고 느낌이 비슷하다고 중소 공장에서 브랜드 제품을 따라 한 것도 아니다. 그 뒤로 괜찮다고 생각되는 제품은 유명 브랜드 제품이 아니더라도 현장에 자신 있게 적용하고 있다. 공간에 어울리고 보기 좋으면 명품 조명인 것이다. 해외 브랜드 제품이 아니더라도 좋은 장식 조명이라면 자유롭게 구매하길 바란다.

다양한 조명 인테리어
살펴보기

플랜테리어 조명 인테리어

은퇴하고 제주도에서의 생활을 꿈꾸던 부부가 제주도에 전원주택을 짓다가 전화를 줬다. 제주도까지 직접 오가기는 어려운 상황이라 메신저로 사진을 주고받으며 조명 설계를 진행했다. 플랜테리어 스타일을 추구하는 부부였기에 거실 조명으로 잎 모양의 조명을 추천했다. 잎 조명 3개를 모아 달면 세잎클로버로 변신하는 조명이었다. 방에는 잎 조명 1개를, 작은 거실에는 2개를, 큰 거실에는 3개를 달아 각기 다른 느낌의 플랜테리어 공간을 만들었다. 현관 센서 조명도 자개로 된 조명을 추천했다.

6개월 정도 뒤에 업무상 제주도를 방문하게 되어 부부에게 연락드렸고 너무나도 따뜻하게 맞아주었다. 살짝 긴장이 되었다. 실제로 현장을 오가며 진행한 설계는 많았지만 사진을 보며 설계한 현장을 방문한 것은 처음이었기 때문이다. 현관에서 자개로 된 센서 조명이 기분 좋게 맞이했다. 거실에 들어서니 우아한 세잎클로버 모양의 거실 조명이 공간을 아름답게 채우고 있었다. 이웃에서 관심이 많았고 많이들 구경하러 왔다고 했다. 특히 제주도에서는 볼 수 없었던 조명 스타일이라 예쁘다고 다들 부러워했다고 했다.

플랜테리어 스타일 조명 실제 식물을 활용한 인테리어에는 따뜻한 색감과 에디슨 전구 느낌의 자연스러운 스타일의 조명이 어울린다.

고급스러운 사각 조명 인테리어

꼭 사각 조명을 사용해달라고 부탁한 고객이 있었다. 나머지는 내 마음대로 해도 좋다는 말도 덧붙였다. 차라리 반대였으면 좋겠다고 생각했다. '차라리 거실 조명만 내 마음대로 하면 정말 멋진 집으로 변신할 수 있는데……' 이런 아쉬움을 뒤로한 채 어떤 네모난 거실 조명을 달아야 할지 고민하기 시작했다. 평범한 사각 시스템 조명을 다는 것은 마음에 내키지 않아 생각을 거듭한 결과 커다란 사각형의 바리솔 조명을 적용했다.

가로세로 1m의 광천장 느낌이 나는 커다란 사각 조명이었다. 하나처럼 보이지만 LED는 세 부분으로 구분해 1/3씩만 불이 들어오게끔 제작했다. 조명의 밝기를 조절해가며 사용할 수 있었다. 조명 커버는 일반 사각 조명의 아크릴이나 PC 재질이 아닌 패브릭 소재의 바리솔을 적용해 빛이 고급스럽고도 은은하게 거실에 뿌려지게끔 설계했다. 조명 불빛은 요즘 유행하는 내추럴 색으로 적용해 공간을 한층 고급스럽게 조성했다.

고객은 고급스러운 햇빛이 가득한 느낌이라며 만족했고, 거실에 사

바리솔 사각 조명 사각 조명이라도, 내부의 빛을 조절하는 방식이나 질감 등으로 느낌을 달리할 수 있다.

각 조명을 달았지만 만족스러운 프로젝트가 완성되었다. 옷의 형태가 단순하면 오버핏으로 느낌을 주듯 거실 조명도 형태가 단순하면 조명의 크기, 재질, 빛의 색감 등을 차별화해서 한층 더 멋진 공간을 완성할 수 있다.

공간을 대변신시키는 펜던트 조명 인테리어

한 번은 급하게 이사를 하게 되었다. 인테리어는 흉내만 내고 입주할 수밖에 없었다. 이때 뼈저리게 후회했다. 살면서 천천히 하더라도 내 마음에 들어야 한다는 점을 다시금 되새겼다. 어렸을 적 우리 집은 아담하지만 예뻤다. 2층짜리 상가 주택이었는데 1층은 음식점이었고 2층이 우리 집이었다. 계단을 올라가는 느낌도 좋았고 살구빛 커튼과 샹들리에가 반겨줄 땐 행복했다. 집에 가면 늘 기분이 좋았다. 집이 예뻐서 그랬던 것 같다.

막상 고객의 집은 예쁘게 꾸며주면서 정작 나와 가족이 사는 공간은 바쁘다는 핑계로 등한시했다. 대충 인테리어를 하고 서둘러 들어온 우리 집이 눈에 밟혔다. 특히 아이들에게 아름다운 공간을 만들어주고 싶었는데 말이다. 그래서 궁리를 했다. 아이와 이케아 사이트에 접속해 가구와 조명을 보여주고, 원하는 대로 모두 살 수 있게 했다. 2층 침대와 커다란 나뭇잎 모양의 소품을 주문했고 우주선처럼 접혔다가 펴지는 펜던트 조명도 구입했다. 방등을 떼고 펜던트 조명을 달면 밝기가 충분치 않기에 상상력을 자극할 수 있는 코브라를 닮은 테이블 스탠드도 한 개 주문했다. 물론 아이를 생각한다면 펜던트 조명과 스탠드 조명만으로는 공부하기에 충분한 밝기를 주기 어렵지만 아직 아이가 어린 나이기에 거실에서 책을 읽고 놀아서 충분히 아이의 취향을 존중해주었다.

상상력을 자극하는 아이 방 조명 아이
방에는 상상력을 자극하는 모양의 펜던
트 조명을 추천한다. 딱딱한 사각 등을 달
았을 때보다 방에서 보내는 시간이 즐거
워질 것이다.

변신하는 방등을 달자 우리 집은 아이와 아이 친구들의 놀이터가
되었다. 예전보다 자주 아이의 친구들이 놀러와 2층 침대를 오르락
내리락하고 조명을 당겼다 펼치며 놀았다. 까르르 웃는 아이들의 웃
음이 기분 좋게 들려왔다. 아이들이 노는 모습은 마치 오두막에서 노
는 영화의 한 장면 같았다. 밝아야만 하는 장소가 아니라면 방등 대
신 특별한 형태의 펜던트 조명을 달아보자. 공간을 대변신시켜 줄 것
이다.

주방을 카페로 바꾸는 레일 조명 인테리어

최근 인테리어가 잘된 집의 주방에는 '레일 조명'이 자리 잡고 있다.
언젠가부터 '주방 레일 조명'은 주부의 워너비가 되었다. 설계할 때
레일 조명을 많이 활용하는 편인데 박물관, 호텔, 사옥, 카페 등 색다
른 느낌이 필요한 곳에 자주 활용한다. 레일 조명은 원하는 만큼 추

나선형 레일 조명 다양한 디자인의 레일 조명이 있다. 나선형이나 원통형 등 마음에 드는 레일 조명을 골라 원하는 만큼 달자. 카페 같은 집이 탄생할 것이다.

가로 더 달 수 있어 빛을 조절하기가 편리하다는 장점이 있다. 원통형에서부터 사각 형태, 나선형 형태 등 수많은 형태의 레일 조명의 디자인을 선택할 수 있다. 길게 생긴 레일을 공간에 설치하면 레일 조명의 형태도 얼마든지 바꿀 수 있다. 1년 정도 사용하다 지루한 느낌이 들면 다 떼어내고 다른 디자인의 레일 조명을 달면 된다. 추가적인 전기 공사도 필요 없다. 그러니 심플하게 생긴 레일 조명만 고집하지 말고 독특하게 생긴 디자인의 레일 조명을 달아보자.

최근에 진행한 프로젝트에서 고깔 모양의 레일 조명과 빈티지 스타일의 레일 조명을 적용했다. 한순간에 공간의 느낌이 확 바뀌었다. 레일 조명은 한 개만 다는 경우는 없기 때문에 공간에 주는 임팩트가 크다. 우리 집과 어울리면서도 독특한 모양의 레일 조명을 주방에 달아보자. 어느새 우리 집 주방은 카페 부럽지 않은 감성적인 공간으로 변해 있을 것이다.

집에 포인트를 주는 식탁 조명 인테리어

호텔 로비에는 샹들리에를, 카페에는 펜던트 조명을 대부분 적용한다. 영종도 파라다이스호텔은 샹들리에만 80억 원어치가 적용되었다. 근처 스타벅스를 방문하면 어김없이 펜던트 조명이 달려 있을 것이다. 공간에서 장식 조명이 주는 효과는 매우 크며 장식 조명을 볼륨감 있게 사용하면 할수록 공간에 주는 임팩트는 크다. 그래서 공간에 장식 조명을 활용할 때면 다소 볼륨감 있는 사이즈로 적용한다.

주거 공간에 반드시 들어가는 장식 조명이 있다. 바로 펜던트 조명(식탁 조명)이다. 공간이 모던하고 심플하다면 화려한 펜던트 조명은 훌륭한 포인트 요소가 될 수 있다. 평소 사용하는 크기와 디자인보다 한층 더 화려하고 볼륨감 있는 식탁 조명으로 교체하자. 커튼보다 조명을 바꾸는 것이 공간에 더 큰 변화를 가져올 것이다. 더 과감한 시도를 원한다면 1등용 식탁 조명이 아닌 2등용이나 3등용 식탁 조명을 달아보자.

주변 사람에게 "인테리어 새로 했어?"라는 질문을 들을 것이다. 우리는 옷을 입을 때 포인트를 주기 위해 보석과 시계 등의 액세서리를 착용한다. 식탁 조명은 집안에서의 포인트 액세서리이다. 액세서리를 무난하게 하는 사람은 드물다. 이왕 액세서리를 하려면 크고 화려하게 하여 돋보이는 게 목적이 아닐까? 펜던트 조명도 마찬가지이다. 우리 집에 포인트인 식탁 조명만은 크고 화려해도 괜찮다. 그러라고 사용하는 집안의 장식 조명이다. 보석처럼 우리 집의 식탁 조명을 화려하게 사용하여 공간을 매력적으로 보이게 하자.

식탁을 비추는 펜던트 조명 주방을 특별하게 꾸미고 싶다면, 펜던트 조명을 달자. 조명만 바꿨을 뿐인데, 전체를 새로 인테리어한 기분을 느낄 수 있을 것이다.

침실을 아늑하게 만드는 테이블 스탠드 인테리어

요즘은 집들이를 가더라도 침실만은 둘러보지 않는 에티켓이 있다. 그만큼 개인적인 공간이란 걸 모두 알고 있다. 침실을 조명으로 더욱 아늑하고 프라이빗하게 바꿔보자. 침실에 밝은 방등이 자리 잡고 있는데 바꾸기 귀찮다면 그냥 끄고 살자. 조명을 켜지 않는 것도 좋은 조명 설계 방법이다.

밝아야만 좋은 조명 설계는 아니다. 빛과 어둠을 적절히 적용하는 것이 좋은 조명 설계이다. 방등을 끄고 협탁이나 헤드보드 위에 테이블 스탠드(단 스탠드)를 하나 놓아두자. 딱 하루만이라도 침실에서 방등을 켜지 않고 스탠드 조명만 켜고 살아보자. 생각보다 어둡지 않을 것이다. 오히려 은은하고 감성적으로 변하는 공간과 자신을 발견할 수 있을 것이다. 호텔과 북유럽에서 스탠드 조명을 많이 활용하는 이유는 스탠드 조명의 불빛은 편안한 감성을 주기 때문이다. 침실 방등

침실의 테이블 스탠드　어두운 침실에 테이블 스탠드 하나만 켜놔도 분위기가 아늑해진다. 휴식을 취하는 공간인 만큼, 밝은 방보다 따뜻한 불빛의 테이블 스탠드를 켜놓자.

을 켜지 않고 디자인이 아름다운 스탠드 조명을 활용하기 시작한다면 어쩌면 인테리어 효과를 넘어서 우리도 북유럽 사람처럼 행복지수가 높아질 수도 있지 않을까?

가성비가 훌륭한 매입 조명 인테리어

조명 가게에 가서 마음에 드는 거실등을 고르면 '헉' 소리 나는 금액에 놀랄 것이다. 백만 원을 훌쩍 넘을 수도 있다. 눈을 돌려 저렴한 거실등을 찾다 보니 사각형의 '시스템 거실등'을 설치할 수밖에 없는데, 사실 사각형의 거실등도 결코 저렴하지 않다. 84m² 기준의 사각형

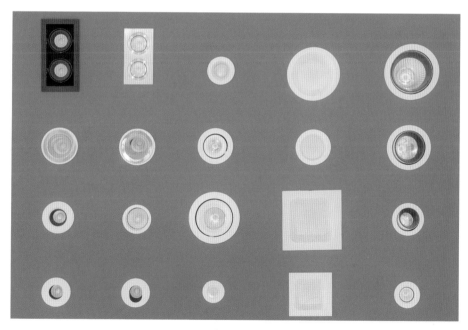

다양한 매입 조명 매입 조명도 색이나 모양이 다양하다. 집의 분위기나 인테리어에 어울리는 매입 조명을 골라 쓰면 된다.

거실등은 보통 몇십만 원이다.

그럴 때, 매입 조명은 훌륭한 거실등으로 사용할 수 있다. 설치비는 넉넉하게 1개당 1만 원 정도로 거실등을 설치할 때보다 비싸지만, 등 자체의 가격은 비싸지 않다. 집 주변의 설치기사를 물색해도 좋고 '홍반장'이란 사이트에 접속하여 전기기사를 보내달라고 요청해도 좋다. 요즘은 조명 1개당 설치비 단가가 홈페이지에 투명하게 공개되어 있어 설치 비용을 정확하게 예상할 수 있다.

사각형의 '시스템 거실등'이 마음에 든다면 물론 상관없지만, 마음에 쏙 들지도 않는 조명에 몇십만 원을 지불하고 싶지 않다면 호텔이나 북유럽 사람처럼 매입 조명만으로 거실을 꾸며보는 것이 어떨까? 비즈니스호텔에 사용하는 매입 조명 금액을 알면 너무 가성비가 좋아서 놀랄 것이다. 호텔 전용 매입 조명이란 것이 있는데 예전에는 B2B 프로젝트에만 사용되어 고가였지만 지금은 B2C에서도 많이 사용하기 때문에 가성비 좋게 구할 수 있다. 손품을 많이 팔면 1만 원 이하의 꽤 괜찮은 매입 조명도 구할 수 있다.

많은 사람이 동그란 모양의 원형의 매입 조명만 생각하는데 원형, 정사각형, 직사각형 등 다양한 형태의 매입 조명이 있다. 불빛 색상도 마음에 드는 것으로 고를 수 있고, 기구 자체의 색상도 고를 수 있다. 매입 조명 테두리 색상이 흰색만 있다고 많이들 생각하는데 가장자리 테두리 색상은 얼마든지 개인의 취향에 따라 고를 수 있다. 장식 조명만큼 흰색, 검은색, 회색, 금색 등 다양한 색상의 매입 조명을 선택할 수 있다. 매입 조명을 거주 공간에 적용할 때는 되도록 단순한 조명을 선택해야 한다. 커다랗고 밝은 매입 조명 2~3개를 다는 것보다 자그마한 매입 조명 5~6개를 다는 것이 천장 디자인이나 밝기 조절 측면에서도 만족도가 높다. 거주 공간 매입 조명 사이즈는 지름 100mm 정도의 10W 이하의 조명을 추천한다.

감성을 자아내는 에디슨 전구 인테리어

장식 조명이라고 하면 대부분 독특한 형태를 떠올리는데 형태 없는 장식 조명도 공간에 적용할 수 있다. '에디슨 전구'라고 인터넷에 검색해보자. 앤티크한 감성의 전구들이 보일 것이다. 패브릭이나 스틸의 커버 없이 전구의 은은한 형태가 그대로 노출되어 빛나고 있다. 공간이 아담하면 1~2구의 에디슨 전구를, 공간이 넓으면 3구 이상의 에디슨 전구 조명을 적용하면 된다. 자연스러운 불빛 자체의 감성을 좋아하는 사람에게 에디슨 전구를 훌륭한 장식 조명 역할을 해줄 것이다.

에디슨 전구는 식탁 조명, 스탠드 조명, 벽등 등으로 활용할 수 있다. 전구의 감성을 우리 집에 담으면 그 어떤 장식 조명보다도 집안 분위기를 몽환적으로 바꿔줄 수 있다. 다만 에디슨 전구를 구입할 때

에디슨 전구 에디슨 전구는 그 형태 자체로 감성을 자아낸다.

형태가 백열 전구를 닮았다고 백열 전구로 구입하면 안 된다. 모양은 백열 전구와 비슷하여 '에디슨 전구'라 불리지만 'LED 에디슨 전구'를 구입해야 한다. 모양은 백열 전구나 LED 에디슨 전구나 똑같으니 걱정하지 말고 반드시 LED로 구입하자. 백열 전구를 구입하면 열을 많이 발생시켜 화상의 위험도 있지만(오랜 시간 켜놓으면 100도가 넘어간다.) 전력도 훨씬 많이 낭비한다. 모양이 마음에 드는 에디슨 전구를 고르고 몇 W인지 보자. 40~60W이면 백열 전구이니 넘기고 10W 미만의 전구를 구입하면 된다. 10W 미만의 'LED 에디슨 전구'를 구입하면 열도 나지 않고 전기도 절약할 수 있다.

전셋집을 위한
조명 인테리어

설치가 쉬운 플러그 타입 조명 인테리어

기존 조명을 떼고 새로운 조명을 달면 공간이 극적으로 변화한다는 것은 모두 다 알고 있는 사실이다. 그러나 많은 사람이 자기 집이 아니라는 이유로, 집주인이 나갈 때 복구를 요구할까 봐 조명을 교체하지 않는다. '우리 집이 생기면 인테리어를 새로 하면서 조명도 모두 바꾸자.'라고 생각한다. 그럼 우리 집이 마련되었을 때, 과연 우리 나이는 몇 살이 될까? 아마도 꽃다운 청춘이 다 지나간 후일 것이다.

현실적으로 영화 속 주인공처럼 살 수도 없는 노릇이고, 아이를 낳았다 한들 아름다운 공간에서 뛰어노는 우리 아이 모습을 보기도 힘

플러그 타입 조명　플러그 방식도 간접 조명에 불이 들어오는 효과는 같다. 단지 전선을 끌어와 조명과 연결하느냐 플러그 방식으로 꽂아 사용하느냐의 차이다.

들다. 그렇다고 속수무책 가만히 있어야 하는가? 방법은 늘 한 가지만 있는 게 아니다. 우리가 흔히 생각하는 정답은 아니라도 차선책이 훌륭한 대안이 될 수도 있다.

원룸에 살고 있다면 조명 하나만으로도 공간을 변화시킬 수 있다. 일단 방 중앙에 방등이 없다고 생각하자. 공간에 조명이 아무것도 없다고 생각하고 조명을 새롭게 달아보자. 멀티탭에 꽂기만 해도 '짠' 하고 불이 켜지는 조명을 달면 공간 분위기가 새롭게 바뀐다. 예전에는 플러그 타입 조명이 종류가 한정되어 있었지만 지금은 펜던트 조명, 벽등, 간접 조명 등 다양한 플러그 타입 조명을 구할 수 있다. 공구만 약간 다룰 줄 안다면 마음에 드는 조명과 플러그를 구입해 즉시 플러그에 연결하면 된다. '전선 플러그 연결'이라고 인터넷에 검색하면 쉽게 따라 할 수 있는 동영상이 나온다.

벽등 조명 인테리어

원룸에 살았던 적이 있다. 그 시절 원룸에는 대부분 형광등이 달려 있었다. 개인적으로 형광등 불빛을 좋아하지 않아 켜지 않고 스탠드 조명을 가져다 놓고 생활했다. 지금처럼 플러그 타입 조명이 많았다면 반드시 공간에 활용했을 것이다. 한국에서는 벽등을 잘 활용하지 않지만 유럽의 침실에는 꼭 벽등이 있다. 본인 소유의 집을 가지더라도 벽면에 전선을 인발하는(뽑아내는) 작업은 까다로운 공정에 속하기에 전체 인테리어 공사를 하지 않는 이상 적용하기 어렵다.

플러그 타입 벽등은 이럴 때 좋은 대안이다. 벽면에 조명을 설치한 후에 콘센트에 플러그를 꽂으면 쉽게 벽등을 설치할 수 있다. 전선이 거슬린다면 다양한 전선 정리 용품이 있으니 이를 활용하여 선을 정리하면 된다. 정리를 끝내고 나면 분위기 있는 은은한 벽등이 공간을

벽등 벽등은 존재 자체로 벽에 장식 효과를 낸다. 불을 켜면 벽을 비추는 은은한 불빛이 아늑한 느낌을 준다.

감싸고 있을 것이다.

　플러그 타입 간접 조명도 꼭 사용해봐야 한다. 공간이 좁을수록 오히려 적은 조명으로 큰 효과를 낼 수 있다. 간접 조명과 장식 조명 두 가지면 충분하다. 간접 조명 설치할 곳을 구석구석 찾아보자. 침대나 책상 밑, 옷장 뒤처럼 가능한 공간을 찾아 한 곳 이상 설치해보자. 간접 조명을 설치한 후에 벽등 또는 스탠드 조명을 설치하면 방등을 더 이상 켜지 않아도 충분한 밝기의 공간이 만들어진다. 간접과 장식 조명을 각각 한 개씩 적용하기로 결정했다면 그 다음엔 꼭 벽등을 설치해보길 바란다. 아담한 공간에서 벽등과 간접 조명이 주는 느낌을 충분히 즐긴다면 더 넓은 공간으로 옮겨가도 조명을 자신있게 적용할 수 있다.

행잉 스타일 식탁 조명 인테리어

아담한 크기의 집에는 식탁 조명이 없는 경우가 종종 있다. 식탁을 놓았는데 식탁 조명이 없다면 공간이 밋밋해진다. 전선을 식탁 위로

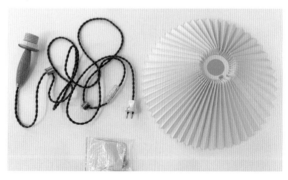

플러그 타입 조명 플러그 타입 조명은 설치가 쉽다.(사진 출처: 코램프)

인발하기에는 공사가 필요하기에 쉽지 않은 선택이다. 이럴 때 플러그 타입 식탁 조명을 사용하면 된다. 행잉 스타일의 플러그 타입도 있으므로 카페처럼 전선을 천장에 늘어뜨려 사용한다면 공간이 감각적으로 보일 것이다. 마음에 드는 플러그 타입 식탁 조명이 없다면 마음에 드는 식탁 조명을 사서 플러그를 연결하자. 다시 한 번 강조하지만 '전선 플러그 연결'을 검색 후 블로그나 동영상을 따라 하면 쉽게 내가 원하는 조명을 플러그 타입으로 만들 수 있다.

식탁 조명을 행잉 스타일로 연출하는 것도 쉽다. 천장 고리를 사서 달고 식탁 조명을 걸어서 늘어뜨리면 된다. 여기서 주의할 점은 행잉 스타일로 연출할 계획이라면 식탁 조명 주문시 전선의 길이를 재어서 넉넉하게 주문을 하자. 1m 정도 늘리는 데 몇천 원이면 충분하다.

은은한 분위기를 만드는 플로어 스탠드 인테리어

가족 구성원이 다양해지면 나만의 취향만을 고집하기가 어려워진다. 그러니 구성원이 적을 때일수록 공간을 멋지게 꾸미고 살자. 조명만 바꾸어도 은은하고 감성적인 분위기 연출이 가능하다. 해외 드라마를 보면 단독주택이든 아파트이든 대부분 포근한 느낌을 준다. 그런 느낌을 살리는 일등공신은 간접 조명과 플로어 스탠드이다.

아이들이 없다면 거주 공간은 더더욱 밝을 필요가 없다. 전셋집에 살고 있다면 거실에 플로어 스탠드(장 스탠드)를 한 개 이상 가져다 놓자. 디자인은 독특하고 클수록 좋다. 거실에 플로어 스탠드로 포인트를 주자. 화려한 플로어 스탠드와 단순한 플로어 스탠드를 동시에 사용해도 좋다. 그렇게 하면 청소할 때를 빼놓고는 거실등을 굳이 켤 필요가 없을 것이다.

대학교 때 내가 좋아했던 드라마 주인공은 모든 공간에 스탠드 조

플로어 스탠드 볼륨감이 크고 형태가 독특한 플로어 스탠드를 단 하나만 공간에 두어도 인테리어 효과를 톡톡히 볼 수 있다.

명을 활용했다. 거실과 침실에 플로어 스탠드를 놓아두었고, 거실에 플로어 스탠드만을 켜놓고 글을 쓰는 그녀의 모습은 20년이 지난 지금도 기억할 만큼 아름다웠다. 좀 더 정확히 표현하자면, 그녀의 모습이 아름다웠다기보다 그 공간에 있는 그녀가 매력적으로 보였다. 신혼부부라면 스탠드 조명을 적극적으로 활용하여 감성적인 공간에서 매력적인 생활을 해보길 추천한다.

집주인도 부러워하는 식탁 조명 교체 인테리어

전셋집 전체 인테리어가 단순하다면 식탁 조명만이라도 감성적으로 활용해보자. 기존 식탁 조명을 떼고 새로운 식탁 조명을 다는 것이 제일 좋은 방법이다. '식탁 조명 교체'라고 인터넷에 검색하면 실제로 많은 분이 식탁 조명 정도는 직접 손쉽게 교체한다는 사실을 알수 있다. 식탁 조명 교체는 매우 쉽다. 누전 차단기(두꺼비집)를 내리고

다양한 스탠드 바디(위)와 전등 갓(아래) 기존 펜던트 조명, 플로어 스탠드의 갓만 교체할 수도 있다. 펜던트 와이어와 스탠드 바디만 구입하여 갓은 셀프로 만들 수도 있다. 아이디어를 잘 활용하면 조명 부자재와 적은 돈으로 공간을 쉽고 아름답게 바꿀 수 있다.

기존 조명을 떼고 새 조명을 설치하면 끝이다. 물론 전선을 연결해야 하지만 충분히 할 수 있는 작업이다. 절대 어렵지 않다. 식탁 조명 교체만큼은 매우 쉽다는 것을 꼭 기억하자. 이왕 식탁 조명을 교체할 거면 화려하고 큰 조명으로 교체하자. 2등이나 3등짜리로 확실한 포인트를 주어도 좋다. 기존 조명은 부피가 크지 않을 테니 곱게 포장하여 창고에 넣어두고 이사갈 때 다시 달자.

기존 식탁 조명을 둔 채로 분위기를 바꿀 수 있는 방법도 있다. 전등 갓만 사서 전선과 전구는 그대로 두고 커버만 바꾸면 된다. '이케아' 또는 '노르딕네스트' 등의 조명 구매 사이트에 들어가서 전등 갓 카테고리를 클릭해보자. 전등 갓 카테고리에 들어가면 라탄 스타일부터 스틸 형태, 패브릭 형태의 다양한 조명 갓이 있다. 기존의 전등 갓 크기를 가늠하고 주문하도록 하자. 간혹 설치가 어려운 전등 갓도 있기 때문에 제품 정보나 설치 상세도를 꼭 확인 후 주문해야 한다.

아이를 위한 조명 스티커 인테리어

아이가 태어나서 방을 꾸민다면 천장을 적극 활용해야 한다. 유아기 때는 누워서 천장을 보는 시간이 많기에 천장을 활용하는 것이 중요하다. 모빌과 같은 아름다운 오브제를 다는 것도 좋지만, 천장 자체를 아름답게 꾸며주는 건 어떨까? 흔히 아이 방 천장에 별 스티커를 많이 붙여준다. 다만, 나중에 떼기가 어렵다는 단점이 있다. 아이를 위해 활용하기 딱 좋은 천장 공간이 있다. 바로 조명 스티커다. 네모난 방등이 아이 방에 있다면 활용하기 아주 좋은 최적의 상태이다. 아이와 함께 스티커로 디자인해보자. 아이는 자신이 직접 만든 방등이라며 잠들 때마다 방등을 보며 행복해할 것이다. '리무버 스티커'가 많이 나와있으니 떼어지지 않을까 봐 걱정은 하지 말자. 그리고 방등

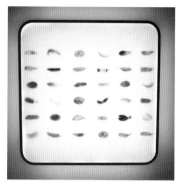

조명 스티커 쉽게 뗄 수 있는 조명 스티커로 아이 방을 꾸며보자.

커버는 대부분 아크릴, PC, 유리이기에 조금 불려서 떼어내면 금방 떨어진다.

아이디어만 잘 내면 원룸과 전셋집도 충분히 아름답게 인테리어를 할 수 있다. 벽지나 바닥을 건드리는 것보다 조명을 꾸미는 것이 제일 확실하면서도 간편한 방법이다. 우리 집이 아니라는 이유로 망설이지 말고 조명을 적극 활용하여 셀프 인테리어를 시도해보자. 그럼 어느 순간 영화 속 한 장면처럼 감성적인 공간에서 생활하고 있는 스스로를 발견할 수 있을 것이다.

완벽한 셀프 조명
인테리어를 위한 정보

공간의 분위기를 좌우하는 빛의 색감

한낮과 초저녁 태양의 색이 다르다. 시시각각 변하는 태양의 빛깔은 우리에게 너무나도 다른 감성을 준다. 조명 빛의 색상도 그러하다. 다시 말하지만, 조명 빛의 색상에는 세 가지가 있다. B2B에서는 세 가지 이상의 색상을 사용하지만, 시장에서 쉽게 구할 수 있는 색상은 세 가지 정도다. 이것만으로도 거주 공간에 쓰기에 충분하다.

불과 몇 년 전만 해도 하얀색 아니면 노란색 빛 이렇게 두 가지만 있었다. 조명 설계가가 B2B 프로젝트에 내추럴 색(주백색, 하얀 불빛이지만 따뜻한 색감이 느껴지는 색)을 자주 사용하면서 시장에서도 발 빠르게 내추럴 색상의 조명 불빛을 생산하기 시작했다.

카페나 호텔의 분위기를 좋아하면 전구색을, 환하고 밝은 분위기를 좋아하면 주광색을 사용하길 추천한다. 본인의 취향을 잘 모르겠으면 무조건 주백색을 사용하자. 거실은 다양한 활동이 이루어지는 곳이므로 모든 활동에 적합한 색상인 주백색을 적극 추천한다. 색상을 혼합해서 사용해도 좋다. 대부분 조명을 주백색으로 세팅하고 펜던트 조명, 플로어 스탠드 등의 장식 조명만 따뜻한 색으로 적용해 보자.

평상시에는 자연스러운 느낌으로, 분위기를 내고 싶을 때는 장식 조명의 따뜻한 색감으로 공간을 활용할 수 있다. 다만, 빛의 색상을 혼합해서 사용할 때는 주의할 점이 있다. 주광색을 중심으로 할 때는 포인트 색상으로 주백색을, 주백색이 중심일 때는 따뜻한 색을 포인트 색상으로 사용하는 것이 좋다. 주광색의 하얀 빛과 전구색의 따뜻한 빛을 혼합할 경우 빛의 느낌 차가 매우 커서 어우러지는 느낌보다는 겉도는 느낌이 생길 확률이 높다.

조명 가게에서 조명을 구입할 때 "하얀색 불빛 주세요." "따뜻한 색의 불빛 주세요."라고 하면 대부분 '주광색' 혹은 '전구색'을 말하는 것이냐고 되물어볼 것이다. 조명 가게에 갈 때는 '하얀색 불빛＝주광색' '따뜻한 색의 불빛＝전구색' '내추럴 색 불빛＝주백색'이라는 것을 기억하고 메모해가자. 조명을 고를 때 원하는 디자인면을 충분히 살펴본 후에 고른 뒤, 자신있게 '주광색' '전구색' '주백색' 조명을 달라고 이야기하자. 조명 가게 사장님도 한 번에 알아들을 뿐만 아니라 상대가 전문 용어를 썼다는 사실에 놀라며 조명에 대해 좀 아는 고객으로 인식할 것이다.

적은 수량의 조명으로 화사한 집 만들기

"큰일 났어. 공간이 너무 어두워. 조명을 달고 또 달아도 계속 어두워."

주말에 쉬고 있는데 다급하게 전기 담당 소장님에게 전화가 왔다. 호텔 프로젝트 할 때 만난 분인데 당시 자그마한 비즈니스호텔 일을 진행하고 계셨다. 그분의 말씀인즉, 조명을 달고 또 달아도 호텔 측에서는 계속 어둡다고 한다는 것이다. 현장의 조명팀이 조명을 더 달면 밝아질 것이라 해서 계속 잇달아 달다 보니 천장만 벌집처럼 되고 정작 원하는 밝기가 나오지 않는다고 했다. 조도계를 들고 와서 수치상

전구색 노을을 닮은 조명 불빛을 전구색이라 부른다. 따뜻하고 은은한 감성을 주므로 분위기가 중요한 공간에 주로 활용된다. 전문가는 2700~3000K 수치로 표기한다.

주백색 　대략 낮 2시부터 해가 지기 전까지의 기분 좋은 햇볕 느낌을 닮은 하얀색이다. 편안함이 느껴지는 하얀색이다. 하얀 불빛이지만 은은한 감성을 담고 있어 다양한 활동이 이루어지는 복합 공간에 주로 활용된다. 전문가는 4000K 수치로 표기한다.

주광색 　한낮 정오의 굉장히 밝은 햇볕의 느낌을 닮은 하얀색이다. 청량감이 느껴지는 하얀색 조명 불빛이다. 활동성과 역동성이 느껴지는 하얀 불빛으로 높은 에너지가 필요한 사무 공간이나 연구실에 주로 활용한다. 전문가는 5700~6500K 수치로 표기한다.

으로는 이미 충분한 밝기라고 설명했지만 자리에 있는 모든 사람이 일제히 어둡다고 했다는 것이다.

현장 경험이 적은 사람은 수치상의 조도(밝기)와 가시조도(보여지는 밝기)의 차이를 잘 모른다. 조명을 많이 달면 달수록 조도는 높아진다. 그래서 조도계로 밝기를 측정하면 충분한 수치가 나온다. 예를 들면 몸무게와 같다. 같은 몸무게라도 지방량보다 근육량이 많으면 더 날씬해보인다. 가시조도가 바로 그런 것이다. 조명도 같은 수량을 달더라도 보기 좋게 배치하면 공간이 훨씬 더 밝게 보인다. 그것이 가시조도이다. 측정조도보다 가시조도가 더 중요하다고 생각한다.(사무 공간은 제외한다.) 수치상으로 아무리 밝게 나와도 보기에 어두워 보이면 어두운 것이다.

"중간만 자꾸 뚫지 말고 벽 쪽을 뚫으세요."

센스 있는 소장님이라 금방 알아들으셨다. 조명 불빛이 공간에만 흩뿌려지면 밝게 보이지 않는다. 비추는 조사면이 있어야 더욱 밝아

벽을 비추는 불빛 중간에 커다란 등이 없이 벽을 비추는 불빛이 있으면 충분한 밝기를 만들어낼 수 있다.

보이는 것이다. 적은 수의 조명으로도 얼마든지 공간을 밝게 보이게 할 수 있다. 밝기를 보완하려고 자꾸 중앙에 조명을 많이 설치하면 쨍하면서도 이상하게 어두침침한 느낌을 받는다. 그런 공간에서 생활하면 눈부심이 강해 눈 건강에도 안 좋다.

집도 마찬가지다. 적은 수량의 조명으로 집을 화사하게 보이는 방법은 간단하다. 바로 벽을 비추는 것이다. 매입 조명으로 거실을 세팅할 경우 벽 가까이에 각도가 조절되는 조명을 달자. 각도가 조절되는 조명은 안에 전구를 벽 쪽으로 꺾을 수 있어 벽을 더 강하게 비출 수 있다. 2~3개만으로도 가시조도를 높여 우리 집을 화사하게 만든다. 매입 조명 대신 거실등을 사용하더라도 걱정할 필요는 없다. 벽등을 설치하거나 스탠드 조명을 벽 가까이 두어서 벽면을 밝게 만들면 훨씬 밝아진 우리 집을 발견할 수 있을 것이다.

밝기를 쉽게 조절하는 실용적인 조명 인테리어

어떤 공간이라도 밝기는 걱정할 필요가 없다. 보완할 방법이 얼마든지 있기 때문이다. 그 조명을 달면 어두울 것이라는 우려를 들어도 일단 마음에 쏙 드는 조명으로 공간을 세팅하자. 그러나 딱 한 공간, 밝기 보완을 하기 어려운 곳이 있다. 바로 주방이다. 음식을 준비할 때는 밝기가 어느 정도 필요하다. 거실이나 방 같은 공간이 어두우면 보완할 방법은 여러 가지가 있지만 주방은 보완 방법이 한정적이다. 싱크대 하부에 간접 조명을 달거나 플러그 타입 벽등을 달아도 되지만 주방 공간은 넓게 활용되기에 처음부터 밝기에 신경을 써서 어둡지 않게 조명을 적용하는 것이 제일 좋은 방법이다.

주방이 어두운데 좋은 방법을 알려달라고 하면 싱크대 상부장에 간접 조명을 우선 설치해보라고 권고한다. 하지만 설거지하는 공간

주방 조명 간접 조명으로 주방의 밝기를 조절하자. 간접 조명을 두고 주방에 다양한 조명으로 주방을 밝힐 수 있다.

만 밝아지고 요리하는 공간은 동선에 따라 여전히 어두울 수 있다고 이야기한다. 주방이 어두우면 제일 좋은 대안은 주방 조명을 더 밝은 것으로 바꾸는 것이다. 주방 조명은 요리할 때만 대부분 켜놓으니 약간 밝아도 상관없다. 모든 공간은 아름답게 조명을 적용해야 하지만 주방 조명만은 꼭 밝아야 한다.

어설픈 디자인의 조명을 쓰는 것보다 단순한 매입 조명을 활용하는 방법, 조명 불빛 색감의 종류, 적은 수량의 조명으로 공간을 밝게 만드는 방법, 주방 조명은 처음부터 밝게 세팅해야 한다는 사실, 네 가지만 기억해도 공간을 똑소리 나게 계획할 수 있다. 조명에 조금만 더 관심을 기울이고 신경을 쓰면 아름답고도 실용적인 인테리어를 공간에 적용할 수 있다는 사실을 반드시 기억하자.

주방을 밝히는 조명들

라인 조명, 벽등, 매입 조명, 간접 조명 등의 다양한 조명을 활용하여 주방만은 밝게 세팅해서 생활하는 데 불편함이 없게 하자. 주방이 어둡다면 싱크대 상부장에 간접 조명을 설치할 수도 있지만 여러 집기류 및 가구들로 인해 조명의 추가 설치에 한계가 있을 수 있다. 다른 공간에 비해 밝기를 보완하기가 번거로우므로 애초에 주방만은 조명을 밝게 세팅하자.

매입 조명의 색으로 달라지는 집 분위기

'호텔 전용 매입 조명'이라는 것이 있다. 현장에서 사용하는 용어인데 호텔에 주로 사용해서 그런 이름이 붙여졌다. 외형도 보기 좋지만 불을 켰을 때 분위기도 좋고 시각적으로 편안해서 호텔에서 많이 사용한다. 외형은 동그랗고 단순한데, 여기에는 시각을 고려한 과학이 숨겨져 있다. 서양 사람은 동양 사람보다 홍채의 색상 때문에 빛에 더욱 민감하다. 그래서 서양 사람이 많이 찾는 호텔일수록 빛을 조절하는 데에 신경을 쓴다.

호텔 전용 매입 조명은 전구가 안으로 깊게 들어가 있다. 불을 켜면 전구가 직접 보이지 않고, 불빛이 쏟아지는 형태만 보인다. 고개를 들어 천장을 보아도 전구는 보이지 않고 빛만 보여서 눈부심이 전혀 없고 시각적으로 편안함을 느끼게 된다. 밝기도 10W 미만의 조명을 사용한다. 너무 밝은 조명은 눈을 긴장시키기 때문이다. 공간에 호텔과 같은 아늑함을 주고 싶다면 전구는 안으로 깊게 들어가 있고 밝기는 10W 미만인 매입 조명을 적용하기 바란다.

장식 조명은 당연히 유행을 탄다. 그리고 매입 조명도 유행을 탄다. 형태적인 유행도 타지만 마감재 색상도 유행을 탄다. 핸드폰이 로즈골드 색상이 대박을 치면서 조명에도 로즈골드 색상이 보이기 시작했다. 최근 한 거주 공간 프로젝트에 로즈골드 색상의 매입 조명을 적용했다. 장식 조명을 별로 선호하지 않는 의뢰인의 취향을 고려하여 매입 조명으로 포인트를 주고 싶었다. 공간이 심플해서 트랜디하게 자리 잡고 있는 로즈골드 색상의 매입 조명이 포인트적인 요소로 공간의 분위기를 잘 살려주었다.

매입 조명의 색상은 점점 더 다양해진다. 하얀색, 은색, 검은색은 기본이며 골드, 로즈골드, 갈색 등의 다양한 색상과 무늬가 접목된 매입 조명도 구할 수 있다. 본인의 취향이 장식 조명을 선호하지 않아

매입 조명 아름다운 디자인을 자랑하는 다양한 디자인의 매입 조명이 있다. 미니멀한 매입 조명은 배치도 자유로우니 충분히 매입 조명만으로도 공간을 아름답게 꾸밀수 있다. (사진 출처: 남광조명)

도 다양한 형태와 색상의 매입 조명으로 얼마든지 공간의 분위기를 아름답게 살려줄 수 있다. 핸드폰 케이스를 바꾸면 핸드폰의 느낌이 바뀌듯이 조명을 바꾸면 집안 분위기가 바뀌게 된다. 매입 조명도 장식 조명만큼 신중을 가해 골라 집안의 분위기를 살리자.

기분이 좋아지는 현관 센서 조명 인테리어

고급 프로젝트를 진행할 때면 센서 조명 대신 센서만을 사용한다. 센서 조명은 일반 조명만큼 디자인이 다양하지 않기 때문에 공간에 어울리는 센서 조명을 찾기란 매우 힘든 일이다. 그래서 나는 마음에 드는 센서 조명을 찾지 못하면 '도플러 센서＋마음에 드는 조명'을 센서 조명 대신 적용한다. 도플러 센서는 다소 금액이 있지만 현관의 분위기를 살려주는 일등 공신이다. 금액은 대략 3만 원 정도이고 모

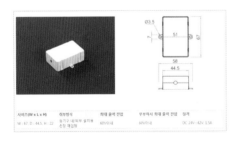
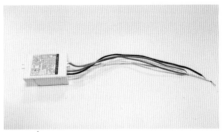
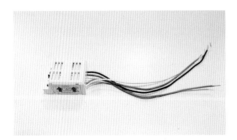
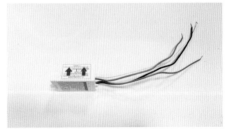

도플러 센서 도플러 센서를 예쁜 조명에 연결해서 사용해보자.(사진 출처: 고려산업)

든 조명과 호환이 된다. 마음에 드는 매입 조명, 직부 조명, 펜던트 조명을 현관에 달고 도플러 센서와 연결만 하면 일반 조명이 센서 조명으로 바뀌게 된다. 도플러 센서는 천장에서 쏙 올리면 되기 때문에 눈에 전혀 보이지 않는다. 그러니 마음에 드는 센서 조명을 찾지 못하였다면 마음에 드는 일반 조명에 도플러 센서를 결합하여 센서 조명으로 활용을 하자. 남들과는 다른 기분 좋은 현관을 가지게 될 것이다.

조명은 낮에도 밤에도 공간에서 중요한 역할을 한다. 특히 밤에는 조명만으로 공간이 채워지기 때문에 더더욱 조명의 역할은 크다. 조명을 잘만 고르면 우리 집 분위기는 반드시 업그레이드 될 수 있다. 집 분위기를 살려줄 일등 공신은 조명이라는 것을 기억하고 소중하고 신중하게 고르자.

바티칸 박물관은
천장이 아름답다

바티칸 박물관의 천장은 너무나 화려하고 감동적이다. 특히 미켈란
젤로의 '천지창조'가 그려진 천장은 아름다움의 절정을 이룬다. 당대
최고의 거장인 미켈란젤로에게 시스티나 성당의 천장화를 그리도록
한 이유는 무엇일까?

　건축 양식과 예술이 꽃핀 로마에서 천장 디자인을 중요하게 여긴
이유는 분명하다. 공간의 중심인 천장을 디자인하는 데에 심혈을 기
울일수록 환상적인 공간이 탄생한다는 점을 알았기 때문이다. 로마
네스크는 바닥과 벽을 넘어서 천장을 발전시켰다. 단순한 목조 천장
에서 '석조 아치형'으로 발전시킨 것이다. 천장을 목재에서 석조로 대
체하면서 재료가 가지는 특성과 구조적인 건축 기술, 미학적인 측면
이 발전되었다.

　바로 그렇게 태어난 명소가 바티칸 박물관이다. 우리나라도 전통
한옥은 지붕과 처마 디자인을 중요하게 여겼다. 바로 그 증거가 서까
래다. 아름다운 서까래 양식으로 지붕의 천장이 디자인되어 있기에
한옥에 들어서면 아파트보다 기분 좋은 아늑함과 아름다움을 느끼
는 것이다. 디자인이 잘된 공간, 특히 천장까지 섬세히 디자인된 공간
에 들어서면 우리는 아름다움을 넘어서는 감동과 경이로움을 느끼게
된다.

　요즘 우리나라 건축 양식은 천장을 중요한 요소로 인식하지 않는

이탈리아 바티칸 박물관 바티칸 박물관의 천장은 공간을 완성하는 예술이다. 미켈란젤로가 그린 천장화를 중심으로 공간 전체가 웅장해진다.

다. 인테리어를 신경 써서 하는 집들도 천장은 몰딩에 우물천장과 조명을 더한 정도로만 생각한다. 바닥, 벽, 가구, 욕실에 들이는 정성의 십분의 일도 관심을 갖지 않는다. 공간 활용 면에서 너무나도 안타깝고 아까운 일이다. 천장이라는 큰 도화지를 그냥 내버려두는 것과 똑같다. 바닥과 벽면을 디자인할 때 우리는 많은 고민을 한다. 페인트와 벽지 사이에서 고민은 시작된다. 벽지로 정한 후에는 고급 수입지와 일반 벽지 사이에서, 색은 무엇으로 할 것인지까지 세세하게 많은 것을 생각하고 맞춰보고 끊임없이 검토한 후에 고른다.

그러나 우리는 조명을 고를 때 너무 쉽게 결정하지는 않는가? '기존처럼 중앙에 거실등 달아야지.' '밝고 단순한 모양의 거실등을 달까?' 'LED로 알아봐야겠어.'라며 공간에 대한 고려 없이 조명만 고른다. 천장도 조명으로 다양한 그림을 그릴 수 있다. 간접 조명으로 그림을 그릴 수도 있고 요즘 유행하는 라인 조명으로 그림을 그릴 수도 있다. 우리 집 천장에는 레일 조명이 어울릴 수도 있고 여백의 미를 살려서 조명을 달지 않아도 괜찮을 수 있다. 조명으로 천장에 그림을 그릴 수 있다는 사실을 꼭 기억하자.

5성급 호텔의 주니어 스위트룸 이상에서 머물면 쾌적함은 물론 아름다운 인테리어를 마음껏 구경할 수 있다. 무엇보다 조명이 감성적으로 잘 조성되어 있다. 주니어 스위트룸 이상을 가면 거실이 조그맣게 딸려 있어 조명을 다양하게 체험할 수 있다.

최근에 다녀온 여행지는 베트남 호치민이다. 호텔을 선택하는 데 신중에 신중을 기했다. 지역적 특색이 물씬 나는 호텔로 선택했다. 이번 선택지는 100년 전통의 역사를 가진 '그랜드호텔 사이공'이었다. 기존의 프랑스 식민지 전통 양식을 그대로 살리면서 리모델링을 하였기에 외관도 내부도 앤티크 느낌이 물씬 풍기는 분위기였다.

호텔에 들어서자 고급스럽고 영롱하게 빛나고 있는 샹들리에가 나를 반겨주었다. '음, 역시 다르군. 샹들리에는 좋은 것을 사용했어.'라고 생각하며 객실로 들어섰다. 역시나 좋은 호텔의 객실은 들어서자마자 대접을 받는 듯한 기분 좋은 느낌을 준다. 그 이유는 다양한 조명들이 내뿜고 있는 은은한 환영의 감성 때문이다.

여행을 같이 간 지인들에게 꼭 물어본다. "여기 조명이 어떤 것 같아?" "조명이 조금 사용된 것 같아 많이 사용된 것 같아?" 이렇게 물어보면 대부분 비슷한 대답이 나온다. "호텔이 참 아늑하고 좋네." "조명? 잘 모르겠는데 적당한 것 같은데?"

그랜드 호텔 사이공의 조명은 거실 중앙의 앤티크 샹들리에를 중심으로 플로어 스탠드, 테이블 스탠드, 펜던트 조명, 벽등 이렇게 다섯 가지 종류의 다양한 조명이 세팅되어 있었다. 방에는 플로어 스탠드, 벽등이 세팅되어 있었고, 심지어 테이블 스탠드는 두 개 놓여 있었다.

베트남 호치민 그랜드호텔 사이공 샹들리에, 벽등, 테이블 스탠드, 플로어 스탠드 등이 공간의 감성을 더욱 돋보이게 하고 있다. 공간에 조명을 많이 사용하면 할수록 공간의 감성은 더욱 깊어진다.

우리 집 거실과 방의 조명을 떠올려보자. 아마도 거실에는 사각 거실등이나 매입등이, 그리고 방에는 방등이 설치되어 있을 것이다. 호텔처럼 우아하고 매력 있는 공간을 만들고 싶다면 조명을 다양하게 적용하자. 플로어 스탠드도 좋고, 테이블 스탠드도 괜찮다. 한 종류가 아니라 여러 종류의 조명을 한 공간에 많이 적용하는 건 아주 훌륭한 발상이다. 여행을 한 번도 안 가본 사람은 있어도 한 번만 가보는 사람은 없다. 여행을 가면 갈수록 기분이 좋아짐은 물론이고 삶의 많은 활력과 긍정적인 자극을 받는다.

조명 설계가는 "공간에 다양한 조명을 적용하라."고 조언한다. 공간에 조명을 더하고 더하면 과해지는 것이 아니라 여행을 하면 할수록 심신이 건강해지는 것처럼 감성이 더해진다. 조명 하나를 공간에 적용하면 조명 하나에 대한 감성을 느끼지만 조명 두 개를 공간에 적용하면 두 개 이상의 다양한 감성을 느끼게 된다. 각각의 조명에 대한 감성도 느끼지만 두 조명이 어우러졌을 때의 감성도 느낀다. 공간에 다양한 조명을 주어 조명이 주는 아늑하고 아름다운 감성 여행을 떠나보자.

*

따라만 하면 끝나는
셀프 조명 인테리어

거실 조명
인테리어 따라 하기

거실 조명, 어떤 것으로 고를까?

주거 공간에서 거실이 차지하는 의미와 비중은 매우 크다. 거실에는 많은 손님도 모이고 다양한 활동이 이루어진다. 집들이를 갔을 때 가장 많이 머물다 오는 곳도 그 집의 거실이다. 초대된 집의 거실이 아름다우면 그곳에 사는 사람이 달라 보인다. 거실 조명을 고를 때에는 다음에 제시하는 두 가지 조건이 충족되어야 한다. 우선 사는 사람이 편안함을 느낄 수 있어야 한다. 두 번째는 사는 사람도 물론이고 초대된 사람도 아름다움을 느낄 수 있는 거실 조명을 골라야 한다. 거실은 모두에게 중요한 공간이기에 모두가 만족할 만한 조명을 고르자.

평균 거실 층고에 맞는 조명

아파트, 빌라, 오피스텔 등 주거 공간 대부분의 평균 층고는 2.3m다. 공동주택 성격의 거주 공간을 주로 건설하다 보니 유럽과 미국보다는 층고가 낮은 편이다. 층고가 낮을수록 매입 조명이나 단순한 직부 조명 또는 레일 조명을 활용하면 분위기 있고 넓어 보이는 공간 설계를 할 수 있다. 매입 조명은 각도가 조절되는 것으로 선택하고 벽을 비추는 배열로 선택하자. 적은 수량으로 공간을 밝게 만들 수 있고 매입 조명 배열만으로도 천장을 멋지게 만들 수 있다. 천장에 포인트

거실 조명 인테리어 보통 집에 들어서면 가장 먼저 보이는 공간이 거실이다. 놀러오는 사람의 탄성도 자아낼 만큼 멋진 조명을 놓아 거실을 꾸미자.

를 주고 싶다면 직부 조명과 레일 조명을 활용하자. 하얀색의 원통이나 사각형의 직부 조명을 공간에 적용하면 모던한 느낌의 천장을 완성할 수 있고 로즈골드 색상이 있는 직부 조명을 공간에 적용하면 장식 조명을 단 것처럼 화려한 공간을 만들 수 있다. 레일 조명은 주방에 많이 활용하다가 요즘은 거실과 방에도 적용하는 추세다. 레일 조명을 거실에 적용하면 갤러리와 카페와 같은 감성을 우리 집에 만들 수 있다. 레일 조명을 활용할 때는 갤러리처럼 벽에 가깝게 설치하자. 벽면을 감성적으로 비출 수도 있고 천장이 차분하게 정리되는 느낌을 만들 수 있다.

조명 사이즈는 작은 게 좋다

매입 조명, 직부 조명, 레일 조명을 주거 공간에 적용할 때 명심해야 될 한 가지 사항이 있다. 색상이나 디자인은 본인의 취향대로 정하지만, 사이즈만큼은 작은 크기로 고르자. 거주 공간에는 지름 10cm 전후, 10W 미만의 조명이 적합하며 시각적인 측면에서도 편안함을 줄 수 있다.

하얀색 매입 조명 인테리어에 어울리는 조명을 골라 달자. 집에 사용하는 조명은 작을수록 좋다.

라인 조명 쉽게 설치하는 방법

요즘 집에 많이 적용하는 B2B 조명이 있다. '시스템 라인 조명'이라고 인터넷에 검색해보자. 넓이가 3~4cm이고 높이도 5cm 정도로 슬림한 조명이다. 원하는 길이만큼 조명을 연결해서 설치할 수 있다. 거실 처음부터 끝까지 일자로 설치하면 중간에 끊김 없이 조명을 깨끗하게 설치할 수 있다.

작년 한 주택의 거실과 주방에 시스템 라인 조명을 적용한 적이 있다. 주방 조명 대신 3m 정도 직선으로 시스템 라인 조명을 적용했다. 주방 가구와 더불어 굉장히 깔끔하고 센스 있는 주방이 완성되었다. 거실의 일부 공간에도 ㅁ자로 시스템 라인 조명을 적용했다. 천장이 독특하면서도 멋지게 변했다. 시스템 라인 조명은 일자로 길게 설치도 가능하고 ㅁ자, ㄱ자, ㄷ자 등 원하는 형태로 자유자재 조합이 가

일자로 정렬한 라인 조명 라인 조명은 어떤 모양으로 배치하느냐에 따라 그림이 달라진다.

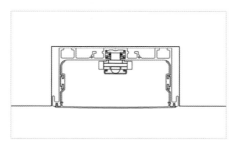

라인 조명 설계도

능하다. 벽에도 설치가 가능하니 천장과 벽에 이어지게 설치할 수도 있다.

만약 집 전체 인테리어 공사를 한다면 시스템 라인 조명을 매입으로 설치하는 것을 추천한다. 공사팀에게 시스템 라인 조명을 매입할 것이니 천장을 접어달라고 하면 된다. 만약 이해하기 어렵다고 한다면 조명 업체에 설치 상세도를 보내달라고 해서 공사팀에 전달하자. 우물천장을 만드는 정도의 난이도이기 때문에 라인 조명을 매입으로 설치하지 못한다는 것은 말이 안 된다. 시스템 라인 조명을 매입하기 어려우면 직부로 사용하면 된다. 높이가 5cm 정도로 슬림하기 때문에 천장에 직부로 설치해도 매입과 유사한 느낌을 낼 수 있다.

시스템 라인 조명의 조합

시스템 라인 조명은 조합을 어떻게 하느냐에 따라 천장의 느낌이 '확' 달라진다. 기존 조명과는 개념이 다르다. 조명으로 천장에 패턴을 만들 수 있는 것이다. 조명으로 개성 있는 나만의 공간을 만들기에 매우 적합한 신개념의 조명이다. 이렇게 조합을 통해 개성을 나타낼 수 있는 조명을 활용하는 것을 선호한다. 공간에 특별함을 만들고 싶다면 '시스템 라인 조명'을 적극 추천한다.

실링 팬 조명 쉽게 설치하는 방법

천장 높이가 2.4m 이상이거나 복층인 경우 조명을 다양하게 설치할 수 있다. 층고(천장 높이)가 낮으면 디자인보다는 공간을 넓어보이게 하려는 강박에 갇혀 조명을 최대한 단순한 것으로 고르려 한다. 층고가 2.4m 이상이 된다면 실링 팬 조명 또는 샹들리에를 달자. 실링 팬 조명을 거실 중앙에 설치하면 우리 집은 휴양지의 고급 리조트로 변신할 것이고 샹들리에를 설치하면 고급 호텔로 변신할 것이다. 조명 없이 실링 팬만 설치해도 괜찮다. 실링 팬만 설치할 때에 밝기는 매입 조명으로 보완하면 된다. 실링 팬 조명을 달면 보기에도 좋고 사

실링 팬 조명 거실에 실링 팬 조명을 놓자. 인테리어 효과와 환기의 기능까지 일석이조의 효과를 누릴 수 있다.

용하는 측면에서도 편리하다.

우리 집에서 가장 넓은 공간인 거실에 실링 팬 조명을 설치하면 난방과 냉방의 효과를 높여주며 환기에도 탁월한 도움을 준다. 실링 팬 조명을 설치하면 상쾌한 실내 공기도 유지하면서 인테리어 효과도 볼 수 있다. 과거에는 앤티크한 실링 팬 조명이 주를 이루었지만 요즘은 북유럽 스타일의 세련된 실링 팬 조명도 많이 생산된다. 국내에는 실링 팬 조명을 생산하는 업체가 없다. 모두 수입 제품이다. 만약 실링 팬 조명을 공간에 적용하기 결정하였다면 시간적 여유를 가지고 해외 직구를 하면 더 저렴하게 구매할 수 있다.

샹들리에 쉽게 설치하는 방법

어릴 적 우리 집은 주택이었다. 어렸을 적에는 우리 집 거실이 예쁜 줄 모르고 자랐다. 자라고 나서 생각해보니 다른 집과 달리 마루 중앙에 구슬이 영롱하게 빛나는 샹들리에가 달린 거실이 참 아늑하고 우아한 공간이었음을 알게 되었다. 어렸을 적 샹들리에가 달린 거실이 가끔 생각나는 걸 보면 아이에게 생활 공간이 얼마나 중요한가 새삼 깨닫게 된다. 어른이 되고 조명 전문가가 되면서 아이를 위한 공간은 반드시 북유럽 스타일처럼 포근하고 아름다워야 한다고 생각한다.

샹들리에가 달려 있는 집이라면, 집에 들어서자마자 제일 먼저 거실의 샹들리에에 눈길이 갈 것이다. 특급 호텔 로비에는 대부분 대형 샹들리에가 달려있다. 시선을 사로잡는 아름다운 샹들리에가 환영해주기에 고객은 호텔 입구에 들어서는 순간부터 기분이 좋아지게 마련이다. 호텔 프로젝트에 참여하는 사람들은 샹들리에의 중요성을 매우 잘 알기에 억 단위의 금액을 샹들리에에 투자하기도 한다. 그렇

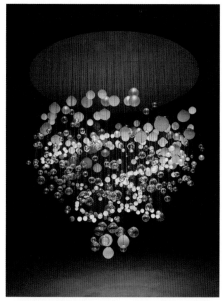
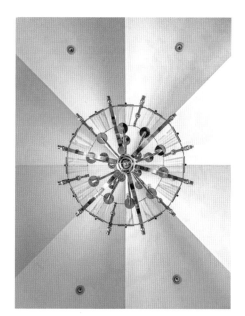

샹들리에 집안에 샹들리에를 두면, 분위기가 고급스러워진다. 꼭 정형화된 샹들리에 가 아니더라도 볼륨이 큰 조명을 사용해도 된다.

다고 주눅이 들 필요는 없다. 꼭 호텔처럼 거창하진 않지만 우리 집 거실에도 작은 샹들리에를 설치해보자. 집에 들어서는 순간마다 어둡고 우울했던 마음도 언제 그랬냐는 듯 기분이 좋아질 것이다.

샹들리에의 효과

무조건 가격이 비싸고 구슬이 주렁주렁 달린 조명이 샹들리에의 특징이라 생각하면 오산이다. 국어사전을 찾아보면 '샹들리에'는 프랑스어로 천장에 매달아 드리운 여러 개의 가지가 달린 방사형 모양의 등으로 가지 끝마다 불을 켜는데 예전에는 촛불이나 가스등을 켰으나 지금은 주로 전등을 켠다고 정의되어 있다. 쉽게 풀이하면 천장에 다는 볼륨감 있는 장식 조명을 의미한다.

사이즈가 제법 있는 펜던트 조명이 우리 집 거실에 포인트 요소가 된다면 그것 또한 샹들리에가 될 수 있는 것이다. 비싸고 구슬이 달려 있어야 샹들리에가 아니라 형태와 관계 없이 볼륨감을 가지고 거실 중앙에 장식 조명으로 달려 있으면 모든 조명이 샹들리에인 것이다. 집 층고가 높다면 과감하게 장식 조명으로 거실 중앙을 채워보자.

공간에 감각을 더하는 스탠드 조명 인테리어

특급 호텔에서는 무조건 '스탠드 조명'을 사용한다. 집에 스탠드 조명을 사용하고 있다면 다른 사람보다 조명을 조금 더 좋아하고 관심이 많은 사람이다. 조명에 대한 섬세한 감성을 스탠드 조명에서부터 느끼고 배우자. 샹들리에, 식탁 조명, 매입 조명, 레일 조명 등의 조명을 설치하고 바꾸는 것보다 스탠드 조명을 두거나 바꾸는 것이 심리적으로도 그리고 시간 활용에도 간편하다.

스탠드 조명을 긴 것도 사용해 보고 짧은 것도 사용할 수 있다. 거실, 침실, 책상 등 다양한 공간에 적용하다 보면 어느 순간 조명에 대한 감각이 한층 더 깊어져 있을 것이다. 스탠드 조명으로 공간에 대한 감각을 높인 후 다른 조명을 공간에 적용해보자. 내가 원하는 느낌이 훨씬 더 구체적으로 상상이 되며 정확하게 구현될 것이다.

스탠드 조명 용어 알아보기

스탠드 조명은 크게 세 가지로 나뉜다. 전문 용어를 꼭 기억하기 바란다. 아름답고 디자인이 괜찮은 제품을 생산하는 B2B 스탠드 조명 생산 업체일수록 전문 용어로 판매를 하기 때문이다. 정확한 전문 용어를 사용하여 조명을 검색할 경우 B2B 생산 업체의 조명이 검색될 확률이 높다.

'신라호텔' '워커힐호텔' 등의 호텔 사이트에 접속하여 스위트룸 이상의 사진을 쭉 훑어보자. 거실 한편이나 소파 옆에 긴 높이의 스탠드 조명이 보일 것이다. 긴 높이의 스탠드 조명의 정식 명칭은 '플로어 스탠드' 혹은 '장 스탠드'다.

마루 위에 놓는 대형 전기 스탠드로 '플로어 램프'라고도 한다. 이에 대해 가구 위에 놓는 것을 '램프 스탠드' 또는 '테이블 램프'라고도

하여 구별한다. 조명은 그 방의 종류라든가 용도에 따라서는 단순히 밝기를 목적으로 하는 것 외에 특수한 분위기를 조성하기 위해 사용하는 경우가 있다. 플로어 스탠드는 이와 같은 조명의 하나로 사용한다. 한 방에 등을 한 개만 사용하지 않고, 플로어 스탠드나 브라켓등 또는 간접 조명을 같이 사용하는 것이 바람직하다. 호텔의 침실에서는 천장등을 사용하지 않고, 플로어 스탠드나 베드 라이트만을 사용하는 경우도 있다.

호텔 침실을 둘러보면 침대 옆 협탁 위에 길지 않은 스탠드 조명이 보인다. 바디 부분보다 헤드 조명 갓 부분의 비율이 더 크며 디자인의 비중도 높다. 이 작은 높이의 스탠드 조명의 정식 명칭은 '테이블 스탠드' 혹은 '단 스탠드'이다. 테이블 스탠드는 다른 스탠드에 비해 활용도가 높다. 거실에 활용 가능한 가구가 많이 놓여 있다면 플로

플로어 스탠드(장 스탠드)를 활용한 공간 활장처럼 휘어지는 바디, 볼륨감 있는 크기의 플로어 스탠드는 거실 공간에 임팩트를 줄 수 있다. 플로어 스탠드의 디자인과 크기는 매우 다양하다. 공간에 맞는 플로어 스탠드를 활용하면 품격 있고 감성이 흐르는 공간을 연출할 수 있다.

어 스탠드 대신에 테이블 스탠드를 활용해도 좋다. 거실에 플로어 스탠드와 테이블 스탠드를 동시에 사용한다면 백과사전에 명시되어 있듯이 그리고 조명 설계가가 보장하듯이 천장에 조명을 설치하지 않아도 된다.(물론 공간의 크기에 따라서 다르다.) 테이블 스탠드의 전등 갓이 스틸로 되어 있고 빛을 아래로 모아주는 형태라면 책상 위에도 적합하다. 하향식 테이블 스탠드를 활용하면 독서나 공부를 할 때 밝기를 보완해주는 훌륭한 대안이 될 수 있다.

비즈니스호텔의 책상을 둘러보면 빛을 아래로 비춰주는 심플한 형태의 조명이 놓여 있다. 공간에 미적인 역할보다 기능적인 역할을 담당하는 책상 위에 자리 잡고 있는 조명의 명칭은 '데스크 스탠드' 또는 '책상 조명'이다. 책상 위에서 독서 같은 활동을 할 경우 충분한 밝기를 확보해준다. 다양한 형태의 데스크 스탠드가 있지만 수험생이

테이블 스탠드 테이블 스탠드는 다양한 디자인을 자랑한다. 인테리어에 어울리는 것으로 골라 놓아보자.

나 독서를 많이 해야 하는 사람인 경우에는 빛을 최대한 아래로 모아 주면서 헤드를 움직일 수 있는 조명을 추천한다. 책상에서 가벼운 독서나 취미 생활을 한다면 디자인이 다양한 조명을 활용해도 좋다.

전등 커버 리폼 인테리어

플로어 스탠드를 처음 사용하는 사람들이나 확고한 취향이 없는 경우에는 전등 갓이 패브릭 소재로 된 플로어 스탠드를 추천한다. 호텔처럼 공간에 고급스러우면서 은은한 감성을 줄 수 있고 플로어 스탠드 갓을 분위기에 따라 바꿀 수도 있다. 플로어 스탠드를 한 번 사서 영원히 사용한다는 생각을 버리자. 커튼처럼 이사할 때 기분 전환을 위해 소재와 색상에 변화를 줄 수 있다는 유연한 생각을 가지자.

인테리어에 관심이 많은 지인의 집에 초대되어 방문한 적이 있다. 플로어 스탠드가 예쁘다고 칭찬하니 10년 정도 된 스탠드인데 최근에 을지로 조명 가게에 가서 전등 갓만 구매해 바꾸었다고 했다. 수입 원단으로 제작된 전등 갓을 6만 원 정도 주고 구입하여 10년 된 플로어 스탠드를 재탄생시켰다.

플로어 스탠드를 LED 전구 몇천 원짜리만 3~5년 정도에 한 번씩 바꿔주면 평생 사용할 수 있다. 다만 디자인이 지루하면 색다른 디자인으로 전등 갓만 바꾸면 된다. 지인처럼 을지로, 논현동 등의 조명 상가를 방문하여 전등 갓을 구입해도 좋고 인터넷 사이트에서 구매해도 된다. 노르딕네스트 또는 이케아 등의 기타 많은 조명 사이트에서 다양한 종류의 전등 갓만 따로 구매하는 것도 가능하다.

좀 더 재미난 도전을 해볼 수도 있다. 대학에서 조명 설계 수업과 조명 제품을 만드는 수업을 진행하면서 플로어 스탠드를 만들어보기도 하는데 결과물이 꽤 좋을 때도 있다. 패브릭, 아크릴, 유리, 나무

등의 소재로 다양한 형태를 만든다. 대학생들도 수업에서 조명을 처음 만들어보는데도 관심을 가지고 진행하면 실제 사용해도 될 만한 수준 높은 조명도 다수 나온다.

한 친구의 작품은 총장님이 지나가다 보고 "팔면 안 되겠냐?"라고 한 적도 있다. 셀프 인테리어에 관심이 많다면 충분히 나만의 플로어 스탠드를 만들 수 있다. 기존의 스탠드 바디에 전구는 달려 있으니 전등 갓만 만들면 된다. 패브릭으로 기존의 전등 갓을 감싸는 식으로 간단하게 만들어도 되고 아예 기존 전등 갓를 떼고 새롭게 디자인을 해서 만들어도 좋다. 실제로 인터넷에 '전등 커버 리폼'이라고 검색하면 많은 사람이 본인들이 직접 만든 전등 갓을 자랑하는 게시물들을 볼 수 있다. 전등 갓 만드는 것을 손가방 만드는 것처럼 가볍게 생각하고 도전해서 나만의 전등 갓을 만든다면 공간에 감성과 더불어 깊은 의미를 줄 수 있을 것이다.

하나로도 인테리어 효과를 내는 활장 스탠드

'아르코 플로어 스탠드'라고 검색해보자. "이 조명, 많이 봤는데!"라고 모든 사람이 말하는 플로어 스탠드이다. 인테리어 잡지, 드라마, 연예인 집처럼 멋진 인테리어를 자랑하는 집에 자주 등장한다. 예나 지금이나 한 번 보게 되면 모든 사람이 집안에 놓고 싶어하는 워너비 플로어 스탠드이다. 1960년대에 이탈리아의 유명 디자이너 '아킬레 카스티글리오니'가 디자인한 조명으로 지금까지도 인기가 지속되고 있다. 낚싯대처럼 휘어지는 바디 디자인으로 인해 한국에서는 '활장 스탠드'나 '낚시장 스탠드'로 불린다. 부드러운 아치형을 그리는 바디와 스틸 갓의 결합은 우아하면서 미래 지향적인 느낌을 공간에 부여한다. 조명 디자이너들 사이에서도 아르코 플로어 스탠드는 '조명계의 메르세데스 벤츠'라 불릴 정도로 의미하는 바가 크다. 아르코 플로어 스탠드의 탄생으로 길게 아치를 그리거나 크게 ㄱ자 형태를 그리는 바디 형태를 가지는 플로어 스탠드들이 탄생하기 시작했다.

사무실에 '아르코 플로어 스탠드'를 세팅해놓았다. 스탠드 조명 하나만으로도 인테리어 효과가 매우 크기에 공간을 세련되고 멋스럽게 변신시켜준다. '활장 스탠드'나 '낚시장 스탠드'라고 검색해보자. 바디가 독특하고 멋스러운 플로어 스탠드들을 볼 수 있다. 플로어 스탠드 하나만으로도 확실하게 거실에 인테리어 효과를 주고 싶다면 활장 스탠드(낚시장 스탠드)를 적극 추천한다.

활장 스탠드　활장 스탠드를 두면 독특한 분위기를 낼 수 있다. 집에 색다른 느낌을 주고 싶다면 활장 스탠드를 놓아보자.

청담동 사모님의 필수 애장품 '잉고 마우러'

스스로를 위해 가치 있게 돈을 쓴다면 공간에 투자하는 것도 좋은 방법이다. 스스로 값진 명품을 선물하는 것도 좋은 방법이 되겠지만 아무리 고급 가방이나 시계라 해도 늘 몸에 착용하고 있을 수만은 없다. 오히려 공간에 값진 투자를 하면 그것이 곧 명품 공간에서 생활하는 것이 되고 항상 기분 좋고 쾌적한 공간에 오래 머무르는 요소가 된다.

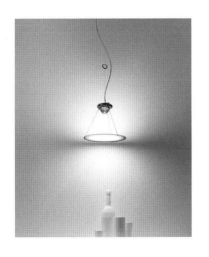

잉고 마우러의 조명들 잉고 마우러의 조명은 하나의 예술 작품 같기도 하다. 조명에 욕심이 생긴다면 잉고 마우러의 조명도 눈여겨보자.(사진 출처: 잉고 마우러)

조명이라는 한 분야에서 세계적인 명성을 이룬 '잉고 마우러(Ingo maurer)'의 조명 작품은 예술이다. 지금도 그의 디자인은 예술인지 아닌지 철학적 논란의 중심에 서 있다. 2019년 10월 고인이 된 그는 상업적 조명 제품도 예술품이 될 수 있다는 가능성을 보여준 위대한 조명 디자이너이다. '루첼리노(lucellino)'라고 검색해보자. 전구에 천사 날개를 단 '천사 조명'을 디자인한 사람이 바로 '잉고 마우러'다. 한때 잉고 마우러의 루첼리노 샹들리에는 청담동 사모님들의 필수 애장품이었다.

예술 감각을 높이는 명품 조명

이탈리아의 한 회사는 세계에서 가장 유명한 디자이너들과 50년 동안 협약을 맺어 멋진 조명들을 선보이고 있다. 꽃을 뜻하는 '플로스(Flos)'라는 조명 회사다. 중세 때부터 이어온 디자인 장인 정신을 계승하여 조명 문화를 발전시키며 조명에 예술성을 부여하기 위해 부단히 노력해온 조명 회사다. 예술품과 같은 고품격 조명을 매년 내놓기에 전 세계의 조명 디자이너들은 플로스의 신제품을 학수고대하며 발 빠르게 그 신제품을 공간에 적용한다.

예술 작품을 곁에 두는 사람은 품격이 높아진다. 그만큼 예술 작품이 삶에 미치는 영향이 크기 때문이다. 고단한 세상사에 지친 자신에게 명품 하나를 선물하고 싶다면 이번에는 명품 대신 예술품에 버금가는 품격이 느껴지는 플로어 스탠드를 구매하자. 잉고 마우러, 플로스 등의 철학을 가지고 있는 조명 회사의 플로어 스탠드를 공간에 한번 적용해보는 것은 어떨까. 명품을 구매했을 때보다 품격과 감성을 훨씬 더 높여줄 뿐만 아니라 어느덧 예술에 대한 감각이 높아져 있을 것이다.

행복을 자아내는 거실등

취향이 확실해서 꼭 사각 거실등을 중앙에 달고 싶다면 엣지 조명 또는 패브릭 조명을 선택하길 바란다. 엣지 조명이란 LED가 중앙에 설치되지 않고 조명 테두리에 설치되어 도광판이라는 판을 거쳐 간접으로 은은하게 조명 불빛이 비추어지는 조명을 말한다. 사각형의 거실등은 대부분 밝기가 과하다 싶을 정도로 밝기에 눈의 부담을 주지 않기 위해서 반드시 엣지 조명을 선택해야 한다.

사각형의 거실등은 대부분 비슷하게 생겼지만 두께가 슬림한 엣지 조명을 선택하길 바란다. 두께가 얇을수록 천장과 일체화되어 거실 조명에 신경 썼다는 느낌이 든다. 요즘은 기술이 더욱 발전하여 두께 1cm 정도의 엣지 조명도 시중에서 구할 수 있다. 사각 거실등을 선호

거실등 가족과 손님이 모이는 공간인 거실에 조명으로 다양한 감성을 부여할 수 있다. 네모난 조명만 거실등이 아니라 샹들리에, 펜던트 조명, 매입 조명 등 다양한 종류의 조명이 있다. 모두에게 아름다운 감성을 만들어줄 거실등을 선택하여 적용하자.

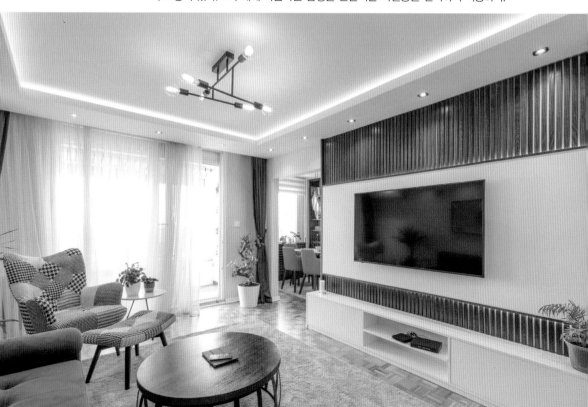

하지만 슬림한 엣지 조명보다 좀 더 디자인에 신경 쓴 조명을 원한다면 패브릭 소재의 거실등을 추천한다. 디자인이 다양하기도 하고 빛을 더욱 고급스럽고 부드럽게 만들어준다.

거실은 사는 사람뿐 아니라 방문한 사람에게도 중요한 공간이다. 거실 조명의 종류와 분위기를 숙지하고 공간에 적용한다면 모두에게 만족스러운 느낌을 줄 수 있다.

우리 집에 북유럽 조명 인테리어를 옮겨오는 법

북유럽 스타일 조명 인테리어의 특징

몇 년 전 '북유럽 스타일'이 모든 공간에서 유행하기 시작했다. 한국에서 대중적인 스타일로 자리매김한 북유럽 스타일은 특히 주거 공간에서 모든 사람들의 워너비 스타일이 되었고 신혼집 인테리어를 의뢰받으면 90퍼센트 이상은 북유럽 스타일을 선호한다.

북유럽에는 지리적으로 스칸디나비아 반도에 위치한 노르웨이, 스웨덴, 핀란드, 덴마크, 아이슬란드가 속한다. MBC every1 〈어서와 ~ 한국은 처음이지?〉 핀란드 편을 보면 북유럽의 자연 환경을 고스란히 엿볼 수 있다. 세 명의 친구들은 숲을 돌아다니며 버섯을 딴다. 추운 바다에서 수영을 하고 사우나를 하는 등의 자연 친화적 놀이를 한다. 그리고 해가 금방 지기 때문에 집안에서 보내는 시간이 많아 아늑하고 편안한 감성의 주거 공간을 선호한다. 화려하고 장식적인 제품보다 자연 친화적인 소재로 간결하고 실용적인 공간을 구성하는 것이 북유럽 디자인의 큰 특징이다.

해가 짧은 북유럽 주거 공간에서 조명이 차지하는 의미는 매우 크다. 감성적인 면과 실용적인 면을 모두 고려한 것이 북유럽 조명 디자인이다. 우리나라도 여름 이외에는 해가 짧은 편이고 점점 더 많은 사람들이 실내에서 활동하는 시간이 길어지기에 조명의 중요성이 날로 커지고 있다. 북유럽 스타일은 조명으로 완성되므로 아래의 방법

북유럽 스타일 조명 인테리어 불이
켜졌을 때도 꺼졌을 때도 공간에 아늑
함과 포근함을 주는 것이 북유럽 감성
이다. 디자인에서 구조적인 간결함이
느껴진다. 이것은 차가운 느낌의 단순
함과는 다르다. 포근함이 존재하지 않
다면 그것은 북유럽 조명이 아니다. 공
간에 자연스럽고 인간미 넘치는 따뜻함
을 형성할 수 있는 게 북유럽 조명이다.

들을 잘 숙지하며 우리 집에 북유럽 인테리어를 제대로 적용하자.

북유럽의 따뜻한 조명 감성을 옮겨오는 법

북유럽의 집에 들어서면 따뜻함이 느껴진다. 추운 날씨가 지속되기 때문에 다른 지역보다 더욱 포근하고 따뜻한 실내 분위기를 중요하게 여긴다. 그렇다고 조명의 형태를 나무처럼 부드럽고 아늑한 분위기를 주는 조명 재료를 썼다고 공간이 따뜻해질까? 결코 그렇지만은 않다. 조명이 자아내는 따뜻한 감성은 조명의 형태보다 조명 불빛의 색상으로 결정된다.

하얀 불빛을 공간에 적용하면 형태와 상관없이 모던하고 차가운

북유럽의 따뜻한 감성을 살리는 조명 인테리어 전구색 조명으로 따뜻한 감성이 공간을 감싼다.

느낌이 든다. 북유럽 집처럼 포근한 공간을 만들고 싶다면 따뜻한 색감을 담당하는 간접 조명, 펜던트 조명, 플로어 스탠드, 벽등은 전구색으로 세팅하자. 하얀색 빛만 사용한 공간에 따뜻한 색감을 더하면 북유럽의 따뜻한 감성을 충분히 우리 집에 구현할 수 있을 것이다.

북유럽의 아늑한 조명 감성을 옮겨오는 법

따뜻한 감성과 아늑한 감성은 조명의 측면에서 보면 다른 감성이다. 공간에 들어서면 석양이 질 때처럼 따뜻한 감성을 느낄 수도 있고 촛불처럼 빛이 나를 감싸고 있는 아늑함을 느낄 수도 있다. 빛이 공간을 부드럽게 감싸고 있을 때 우리는 아늑함을 느낀다. 같은 밝기의 조명이라도 공간에 빛이 부드럽게 뿌려지는 형태를 띠고 있어야 북유럽의 아늑한 감성을 자아내는 공간이 된다.

'북유럽 조명'이라고 검색해보자. 스틸이 겹겹이 쌓여 있거나 불빛이 위로 향하는 간접 방식의 펜던트 조명이나 플로어 스탠드가 보일 것이다. 아름다운 형태미와 더불어 빛을 공간에 부드럽게 뿌리기 위해 고안된 디자인이다. 펜던트 조명, 식탁 조명, 벽등 등의 장식 조명을 선택할 때 마음에 쏙 드는 형태의 조명을 고르고 한 번만 더 검토하자. 조명이 공간에 설치되었을 때 빛이 부드럽게 공간 사이에 뿌려지는지 확인하고 설치하자. 그래야 북유럽의 아늑한 감성을 공간에 담을 수 있다.

공간을 부드럽게 만들어주는 일등 공신이 있다. 바로 '간접 조명'이다. 간접 조명이라는 말 그대로 빛이 마감재 등의 재료에 부딪혀 반사되는 조명을 의미한다. 조명의 빛이 바로 공간에 뿌려지지 않고 무언가에 부딪혀 뿌려지기 때문에 당연히 빛이 공간을 부드럽게 감싸준다. 그리고 공간에 아늑함을 더해준다. 공간에 간접 조명을 추가하면 할수록 아늑함이 더 느껴진다.

북유럽 사람은 실내에서 보내는 시간이 많아 간접 조명을 공간에 활용하여 부드러움을 더한다. 우물천장이나 커튼 박스가 있다면 당연히 간접 조명을 설치해야 북유럽 감성을 공간에 담을 수 있다. 천장에 마땅한 공간이 없다면 가구를 활용하여 간접 조명을 설치하면 된다. 거실장 뒤, 식탁 하부, 주방 상부장 하부, 침대 하부 등의 설치가 가능한 가구를 활용하여 간접 조명을 설치하자.

't5 led'나 'led bar'라고 검색하면 간접 조명을 저렴하고 손쉽게 구입할 수 있다. 설치할 공간이 넉넉하다면 2.2cm 정도의 't5 led'를, 공간이 협소하다면 1.2cm의 'led bar'를 추천한다. 다만, 'led bar'는 협

북유럽의 아늑한 감성을 살리는 조명 인테리어　따뜻함과 아늑함은 다르다. 공간에 아늑한 조명 감성을 담아보자.

소 공간에 설치할 수 있을 정도로 얇은 대신 안정기라는 장치를 따로 설치해야 한다. 북유럽의 아늑한 감성을 공간에 부여하기 위해서 간접 조명을 꼭 한 군데 이상 설치할 것을 추천한다.

북유럽의 시크한 조명 감성을 옮겨오는 법

북유럽 스타일에서 '단순함'과 '간결함'은 빼놓을 수 없는 디자인 요소이다. 모던 스타일도 단순하고 간결하지만 북유럽 스타일과 모던 스타일의 단순함에는 차이가 있다. 북유럽 스타일에는 시크함이 있다. '무심한 듯 시크하게'의 느낌이 북유럽의 단순함이다. 똑 떨어지는 스타일의 간결함은 북유럽 스타일이 아니다. 단순하기만 한 간결한 느낌은 모던 스타일에 가깝다. '시크한 느낌의 심플'이 북유럽 스타일이다.

그렇다면 시크한 심플을 쉽게 생각하자. 형태가 없어 심플한 게 아니라 형태가 있는 심플이다. 예를 들어 앤티크 조명을 떠올리면 형

북유럽의 시크한 감성을 살리는 조명 인테리어 무조건 무엇이 없어야 심플한 것이 아니다. 무엇을 놓았을 때 느껴지는 단순함을 즐기자.

태가 다소 화려한 조명이 떠오른다. 시크한 조명은 형태가 네모, 세모, 동그라미 등의 형태가 있지만,(실제로는 더 형태가 다양하다.) 그 형태가 간결해보이는 것이다. 북유럽 스타일의 조명이라 검색하면 실제로 스틸이나 패브릭이 겹겹이 쌓여 있는 조명이 다수 보인다. 형태가 똑 떨어지는 단순함이 아니라 구조적으로 간결함이 느껴지는 형태를 가진 조명이 북유럽 조명이다. 모던한 단순함을 시크한 심플이라 오해하지 말자. 형태가 다양하지만 간결함이 느껴진다면 자신 있게 우리 집에 적용하자. 북유럽의 시크한 심플을 우리 집에 구현할 수 있을 것이다.

북유럽의 자연 친화적인 조명 감성을 옮겨오는 법

유럽 스타일의 조명은 자연의 감성을 담고 있다. '자연의 감성을 담은 조명? 그래, 나무와 숲, 바람 소리까지 실내로 옮겨온 듯한 자연 조명을 우리 집에 적용하자.'라고 생각했다면 욕심내지 말고 재현 방법 한 가지만 제대로 활용해보자.

　조명의 소재, 형태, 색감으로도 충분히 자연의 멋을 구현해낼 수 있다. 20~30년 전만 해도 소재가 지금처럼 다양하지 않았고 비싼 소재를 조명에 적용하기 어려웠다. 그래서 북유럽 사람들도 근처에서 쉽게 구할 수 있는 나무 소재를 조명에 많이 활용했다. 지금은 소재와 색상의 발전으로 다양한 형태의 조명을 만들 수 있다. 북유럽 특유의 자연 감성을 소재로 표현했던 예전과 달리 지금은 형태와 색감만으로도 표현이 충분히 가능하다. 나무와 돌의 소재를 사용한 조명은 당연히 집에 자연 감성을 그대로 부여한다. 스틸로만 된 조명 하나만으로도 자연의 느낌을 줄 수 있다. 직선이 아닌 부드러운 곡선의 형태를 지닌 조명을 선택한다면 자연의 부드러운 느낌을 자아낼 수 있다.

자연 친화적인 감성을 살리는 조명 인테리어 나무나 풀로 조명을 꾸미면, 집안에 자연을 옮겨놓은 듯한 느낌을 살릴 수 있다.

북유럽 감성이 달리 있는 게 아니다. 자연과 닮은 형태와 색감을 고르는 것이 무엇보다 중요하다. 직선보다는 곡선을, 화려한 색감보다는 자연을 담은 색감을 적용하여 우리 집에 구현해보는 것은 어떨까.

북유럽의 실용적인 조명 감성을 옮겨오는 법

북유럽의 디자인에 실용성을 갖추어야 진정한 북유럽 스타일이다. 모양은 비슷해 보이지만 실용성이 떨어지면 그것은 북유럽 스타일의 조명이 아니다. 시간이 흐를수록 사용할수록 불편함을 느낀다면 대번 깨닫게 될 것이다. 이건 북유럽 스타일이 결코 아니라는 것을 말이다. 아주 세세한 부분까지 편리함이 느껴지는, 완벽하리만큼 '실용

북유럽 감성의 실용적인 조명 조명에서 실용성을 빼놓을 수 없다. 예쁘면서도 실용적으로 사용할 수 있는 조명을 골라야 한다.

성'을 갖춘 조명이 북유럽 스타일의 조명이라 할 수 있다. 조명 디자인의 완성도와 품격은 디테일에서 결정된다고 해도 과언이 아니다. 실용성이 적용되지 않은 북유럽 스타일의 조명은 B급, C급의 조명인 것이다.

북유럽 스타일의 벽등을 보면 좀 더 쉽게 이해가 갈 것이다. 필요에 따라 헤드를 조절할 수 있게 디자인되었고 길이도 조절할 수 있게 관절이라는 요소가 가미되었다. 관절이라는 요소는 실용적인 면과 디자인적인 면을 모두 만족시키며 북유럽 스타일의 조명을 완성한다. 식탁 조명을 선택할 때는 빛을 충분히 식탁으로 비쳐주는지, 플로어 스탠드를 선택할 때는 원하는 곳으로 빛을 비출 수 있게 헤드가 움직이는지, 벽등을 선택할 때는 헤드와 관절로 실용성을 갖추고 있는지 등을 살펴보자. 주방 기구 고르듯이 실제 사용하기에 편안한 조명을 고른다면 북유럽 사람들처럼 아름답고도 실용적인 조명의 감성을 우리 집에도 담을 수 있을 것이다.

카페 조명 연출법의
모든 것

카페 조명 연출을 위해 필요한 것

카페라고 검색하면 '분위기 있는 카페' '인테리어가 잘 된 카페'라는 수식어가 붙는다. 카페에 정말 커피만 마시러 갈까? 혼자 사는 사람도 집에서 커피를 향유할 수 있는데, 굳이 왜 카페에 가서 커피를 즐기는 걸까? 카페의 커피 맛과 향이 더 좋아서일 수도 있지만 분위기가 좋기 때문이다.

특정 브랜드를 지정해서 이야기해보면, 이디야는 가성비가 좋은 카페를 목표로 하고 스타벅스는 젊은이들이 선호할 만큼 분위기를 잘 살린다. 평소 커피 맛도 좋고 가격도 덜 부담스러운 이디야를 가려 하지만, 편하게 휴식을 취하고 싶을 때는 스타벅스를 찾게 된다. 어쩌면 카페에는 커피와 더불어 분위기를 마시러 가는 것이다. 인테리어가 훌륭하고 분위기 있는 카페는 어김없이 장사가 잘 된다. 일부러 분위기 있는 카페를 찾아가는 이유는 그 공간에 있으면 기분이 좋아지기 때문이다.

우리 집 공간을 카페처럼 분위기 있게 꾸민다고 상상해보자. 상상만으로도 기분이 좋아질 것이다. 실제로 나는 우리 집 거실을 카페와 호텔이 믹스된 느낌으로 꾸며놓았다. 주말에는 집에서 작업을 많이 하는 편이므로 사무실처럼 집도 일과 휴식을 동시에 취할 수 있도록 공간을 꾸미고 자주 공간 분위기를 바꾼다. 카페처럼 아늑한 공간은

카페 조명의 아늑한 느낌 카페 조명에는 오래 있어도 질리거나 부담스럽지 않은 아늑함이 담겨 있다.

조명으로 충분히 연출이 가능하다. 아래의 연출법들을 잘 숙지하여 우리 집도 커피 향기처럼 그윽하고 아늑한 공간으로 조성해보자.

카페처럼 분위기 있는 '조명 불빛' 연출법

카페 불빛 색상은 타협이 없다. 전구색(따뜻한 색)만이 카페 조명을 대변하는 불빛 색상이다. 그러나, 전구색에도 디테일이 있다. 이런 디테일이 공간을 아늑하고 카페답게 만드는 것이다. 아름다운 공간은 디테일이 생명이니 조금만 더 힘을 내서 전구색에 대해 알아보자. 전구색도 크게는 두 가지 색감으로 나눈다. '전구색'과 '노란 전구색', 두 가지로 나눌 수 있다. '노란 전구색'이란 말은 원래 없지만 편의를 위해 만들어낸 단어다. 페인트도 색상마다 넘버가 있듯 조명 불빛도 넘버가 있다. 2700~3000K의 넘버가 전구색이고 2200~2400K의 넘

K 수치별 조명 불빛 차이 같은 전구색이나 하얀색이라도 K 수치별로 느낌이 다르다. 원하는 정확한 불빛의 K 수치를 알아보자.

버가 노란 전구색이다. 눈치챘겠지만 넘버가 작아질수록 더 노란 색상을 띤다. 촛불은 대략 1000K이다.

스타벅스 같은 고급스러운 카페 분위기를 원한다면 2700K 이하의 색상을 추천한다. 실제로 카페에는 2200~2700K의 불빛 색상을 많이 사용한다. 전구색으로만 세팅할 경우에는 2200K, 2400K, 2700K 간의 느낌의 차이가 굉장하다. 백열 전구도 촛불도 모두 전구색이다. 그 둘의 느낌 차이는 크듯이 전구색도 넘버에 따라 느낌의 차이가 크다. 전구색 넘버를 세련되게 활용하자. 노란 전구색 불빛으로 공간에 포인트를 주면 더욱 카페스러운 아늑한 분위기를 더할 수 있다.

카페처럼 아늑한 '펜던트 조명' 연출법

지금 당장 바람도 쐴 겸 책을 들고 근처 카페에 가보자. 어떤 조명이 제일 눈에 띄는가? 바로 펜던트 조명이다. 아늑한 느낌이 강한 카페일수록 펜던트 조명의 종류가 다양하고 많은 수가 적용되어 있다. 사무실 건물에 카페가 다섯 개나 들어서 있다. 카페 세 곳은 프랜차이즈이고 두 곳은 개인 브랜드다. 다섯 개의 카페 중 유독 장사가 안 되는 개인 카페가 있다. 매일 출퇴근할 때 그리고 수시로 이 카페 앞을 지나다닌다. 그만큼 좋은 위치에 자리 잡고 있다. 위치가 좋은 곳에 자리 잡고 있기에 처음 공사를 시작할 때 어떤 스타일의 카페가 들어올지 기대되었다.

그러나 오픈 시점에 카페가 아닌 다른 용도의 가게가 입점된 줄 알았다. 테이블과 의자도 카페치고는 너무 각져 있었지만 특히 조명이 카페스럽지 않았다. 매입 조명과 레일 조명만으로 세팅하였고 장식 조명은 딱 하나, 벽등도 스탠드 조명도 아닌 것이 설치되어 있었다. 조명 전문가라 그 딱 하나의 조명을 찾아냈지만 다른 사람은 있는 줄도 모를 것이다. 현재 이 카페는 1000원이라는 저렴한 가격에 근처에 근무하는 사람만 이용하는 카페가 되었다.

카페 인테리어에 사용한 펜던트 조명 카페라는 공간의 주연은 펜던트 조명이다. 조연은 레일 조명과 간접 조명 및 기타 조명들이 될 수 있다. 카페라는 공간은 펜던트 조명이 반드시 적용되어야 하고 조명 불빛은 따뜻한 색이어야만 한다. 그래야 그윽한 커피 향과 아름다운 음악이 흐르는 카페라는 감성 공간이 탄생한다.

반면에 그 카페의 절반 정도 공간밖에 안 되면서 위치도 구석에 있는 스타벅스는 항상 사람들로 가득 차 있다. 넓지 않은 공간임에도 창가에 다수의 펜던트 조명을 설치해 지나가는 사람들에게 "여기가 카페예요."라며 손짓하고 있는 모습이다. 내부에는 볼륨감 있는 쁘띠 샹들리에를 설치하여 아늑한 분위기를 더했다. 스타벅스 리저브 매장에 가면 더 다양한 종류의 펜던트 조명이 적용되어 있다.

기억하자. 카페처럼 아늑한 공간을 연출하고 싶다면 펜던트 조명을 반드시 적용하자. 공간이 아담하면 한 종류를 적용하고 공간이 넓다면 펜던트 조명 두세 가지를 적용해도 좋다. 다양한 펜던트를 다수 적용하면 적용할수록 공간이 복잡해보이는 것이 아니라 카페처럼 아늑해진다는 사실을 기억하자.

카페처럼 음영의 멋을 주는 '레일 조명' 연출법

카페에서 레일 조명은 세 곳에 활용된다. 메뉴판, 액자, 상품이다. 이 세 곳의 공통점을 찾았는가? 바로 집중이 필요한 곳이다. 레일 조명은 무언가를 비추기 위해 활용한다. 동시에 공간에서 분위기를 담당하는 역할도 한다.

레일 조명으로 무언가를 비추게 되면 그곳이 다른 곳보다 좀 더 밝아지고 공간에 볼륨감이 생긴다. 사무실처럼 전체가 균일한 밝기로 평평하게 보이는 것이 아니라 액자가 있는 곳은 화사하게, 테이블 위는 은은하게, 나머지 공간은 빛이 흩뿌려져 공간에 빛의 리듬감이 생긴다. 아무리 인테리어를 잘해놓고 예쁜 형태의 장식 조명을 달아도 빛의 밝기가 균일하면 공간이 매력적으로 보이지 않는다. 우리가 화장을 할 때 음영을 많이 줄수록 얼굴이 입체적으로 보인다. 마찬가지로 공간에 불빛으로 음영을 주어야 매력적이고 아늑해보인다. 그 역

카페 인테리어에 사용한 레일 조명 레일 조명을 달면 빛의 음영이 확실하게 생겨서 공간이 매력적으로 느껴진다.

할을 담당하는 것이 레일 조명이다. 거주 공간도 레일 조명으로 강조하고 싶은 곳을 비추자. 벽에 걸어놓은 액자도 좋고 테이블 위에 놓은 추억이 있는 장식품도 좋다. 레일 조명으로 오브제를 비추면 우리집에 기분 좋은 빛의 리듬감이 생기고 카페처럼 아늑한 분위기가 연출될 것이다.

카페처럼 은은한 '매입 조명' 연출법

카페에서만큼은 매입 조명이 메인이 아니다. 밝기를 담당하지만 매입 조명이 밝아서는 안 된다. 약하고 은은하게 공간에 스며들게 연출해야 한다. 빛의 리듬감 중에 제일 아래 단계의 역할을 한다고 생각하자. 화장을 할 때처럼 공간의 기초 화장이라고 생각하자. 기초 화장을 할 때 두껍고 강하게 하는 사람은 없다. 그러나 아예 기초 화장을 안 하는 사람도 없다. 기초 화장을 잘해야 메이크업, 포인트 화장이 잘 먹듯이 공간도 마찬가지다. 공간의 베이스인 매입 조명이 본인의 역할에 맞게 잘 세팅되어야 펜던트 조명이나 레일 조명이 더욱 돋보이게 된다.

매입 조명을 미니멀한 제품으로 고르자. 형태도 미니멀하고 불빛도 미니멀한 조명을 고르자. 모양은 심플하면서 작고 불빛은 10W 정도의 밝기의 조명을 고르자. 미니멀한 매입 조명을 공간에 적용한다면 공간의 리듬감이라는 요소가 더욱 탄탄해져 카페처럼 아늑한 분위기를 완성도 있게 구현할 수 있다.

카페 인테리어에 사용한 매입 조명 매입 조명은 빛의 기본이다. 매입 조명이 잘 깔려야 다른 조명으로 포인트를 줄 수 있다.

카페처럼 품격 있는 '벽등' 연출법

고급 분위기의 카페일수록 장식 조명이 다양하게 적용되어 있다. 스타벅스에는 없지만 스타벅스 리저브 매장에는 있는 것이 있다. 바로 벽등이다. 해외 전시가 많이 열리는 코엑스 카페 매장에도 벽등이 많이 적용되어 있다. 플로어 스탠드라는 장식 조명도 있지만 오고가는 사람들의 동선에 적합하지 않기에 카페의 장식 요소로써 벽등이 발전했다. 펜던트 조명과 더불어 벽등을 우리 집에 적용한다면 공간을 한층 더 고급스럽게 만들 수 있다.

벽등을 장식으로만 사용할 수도 있고 액자 위에 달아 액자를 비추는 용도로 활용할 수도 있다. 벽등을 사용할 때는 한두 개 사용하는 것보다 벽면에 일렬로 여러 개를 사용하는 것을 추천한다. 벽등을 한 개만 사용하면 호텔 느낌이 나지만 여러 개를 설치하면 카페 분위기가 난다. 장식 조명으로 공간에 빛의 볼륨감을 더하면 더할수록 카페 스타일이 우리 집에 구현된다. 공간의 여건이 허락된다면 카페 분위기에서 한층 더 품격을 높이자. 벽등을 설치한다면 아늑함에 고급스러움이 더해진 카페 분위기를 우리 집에 구현할 수 있을 것이다.

카페 인테리어에 사용한 벽등 벽면에 일렬로 놓은 벽등은 카페의 느낌을 잘 살린다. 아늑하고 고급스러운 분위기가 절로 난다.

이케아 조명만으로
멋진 공간 만들기

이케아 조명의 특징

평소에 핀터레스트, 구글 이미지, 네이버 리빙판, 인테르니 사이트에서 조명이 잘된 집을 구경한다. 여유가 많을 때는 조명을 직접 볼 수 있는 오프라인 매장을 둘러본다. 조명 공장, 을지로나 논현동 조명 상가를 들러 새로 나온 조명과 트렌드를 살펴본다.

주기적으로 꼭 방문하는 공간도 있다. 이케아와 모델하우스이다. 이케아와 모델하우스의 좋은 점은 조명이 공간에 적용되었을 때의 분위기를 직접 볼 수 있다는 것이다. 형태가 아름다운 조명도 공간에 어울려야 사용할 수 있다.

우리도 때로는 새로운 조명을 공간에 설치했을 때의 이미지가 잘 상상이 안 되기에 조감도 작업을 한다. 특히 조명은 많은 인테리어 전문가들도 상상으로 시각화하는 데 많은 어려움을 겪는다. 건축이나 인테리어 전문가는 모두 입을 모아 "조명 어려워요."라고 말을 한다. 나도 조명이 때로는 어렵다. 벽지나 타일 같은 마감재는 시각화 훈련을 지속적으로 하거나 조감도 작업을 하다 보면 어느 정도 상상하기가 쉽다.

그러나 조명은 어렵다. 두 가지를 동시에 상상해야 하기 때문이다. 형태 자체가 공간에 잘 어울리는지 상상해야 하고 불을 켰을 때 공간에 어떤 감성을 주는지 상상해야 한다. 조명은 불을 켰을 때와 껐을 때의 느낌이 색다르기에 이 두 가지를 동시에 잘 상상해야 한다.

조명을 고르는 쉬운 방법이 있다. 상상이 아닌, 실제로 적용된 모습을 보고 조명을 고르면 된다. 이케아 조명을 활용하여 공간을 세팅하면 된다. 이케아 홈페이지의 디지털 쇼룸을 활용해도 좋고 오프라인 매장에 직접 가서 조명이 적용된 공간을 보고 고르면 더욱 좋다.

설계할 때 이케아 오프라인 매장을 종종 활용한다. 새 조명을 적용했을 때의 이미지가 잘 떠오르지 않으면 이케아 오프라인 매장을 돌면서 비슷한 조명이 적용된 공간에서 한참 머무르며 상상하곤 한다. 이케아에서 진열해둔 조명의 형태와 모습을 직접 보면 우리 집에 어울릴 만한 조명을 충분히 찾을 수 있을 것이다.

종이와 연필을 들고 나와 같이 이케아 조명으로 84m² 아파트를 설

이케아 매장 조명에 처음 관심을 갖는 사람들도 공간과 조명에 대한 걱정을 전혀 하지 않아도 된다. 가까운 이케아 매장을 방문하여 조명이 전시된 공간을 감상하며 체험해보자. 공간에 대한 조명 감각이 점점 더해져서 자신감을 갖게 될 것이다.(사진 출처: Shinya Suzuki)

계해보자. 84m² 아파트로 공간을 선정한 이유는 84m² 아파트 공간을 기준으로 연습을 하면 여러 형태의 공간에 응용할 수 있기 때문이다. 공간이 아담하다면 84m² 공간의 조명 요소를 조금 덜어내어 집에 적용하면 되고 공간이 크다면 84m² 공간의 조명 요소에 조금 더 조명을 더하여 우리 집에 적용하면 된다.

이케아 조명만으로 멋진 거실 만들기

이케아 기흥점 쇼룸에서 거실에 적용된 '천장 스포트 조명'을 보았다. 천장 스포트 조명이 하나부터 네 개까지 다양하게 적용되어 있었고 거실에 적용된 모습이 심플하면서 시크했다. 거실 한쪽에는 플로어 스탠드(장 스탠드)가 놓여 있었고 장식장 위에는 테이블 스탠드(단 스탠드)가 놓여 있었다. 다른 쇼룸에는 다양한 형태의 '천장 트랙 조명'이 적용되어 있었다.

심플하고 간결한 형태의 이케아 천장 스포트 조명 또는 천장 트랙 조명을 거실에 적용하자. 북유럽의 은은한 감성을 담은 멋진 거실을 만들 수 있을뿐더러 수량을 선택할 수 있어 유연하게 공간에 적용할 수 있다. 여기다가 플로어 스탠드와 테이블 스탠드도 가미하자. 호텔과 같은 고급스러운 공간을 자아내고 싶다면 패브릭 갓이 놓인 플로어 스탠드를 추천한다. 북유럽 감성의 은은한 공간을 가미하고 싶다면 스틸로 된 구조적 형태의 플로어 스탠드를 추천한다. 플로어 스탠드가 공간에 자리 잡고 있으니 테이블 스탠드는 무드등 형태를 추천한다. '테르나뷔'나 '파도'처럼 장식장 위에 무심한 듯 툭 올릴 수 있는 무드등을 공간에 설치하여 소품과 같은 효과를 주도록 하자.

마지막으로 간접 조명도 설치하여 공간에 감성을 더하자. '레드베리'라는 얇은 간접 조명을 이케아에서 구입할 수 있다. 폭과 높이가

1cm로 얇아 우물천장이나 커튼 박스는 물론 수납장 하부나 텔레비전 뒤의 좁은 공간에도 사용할 수 있다. 전체 78.5cm의 조명을 세 개로 나누어 판매하기 때문에, 원하는 길이를 선택해 연결할 수 있다. 이케아 조명에는 거실에 사용할 수 있는 다양하고 예쁜 조명이 많다. 아름다운 장식 조명과 은은한 간접 조명을 거실에 적용한다면 우리 집 거실은 어느 순간 멋진 공간으로 바뀌어 있을 것이다.

이케아의 스탠드 조명 이케아에서는 간접 조명, 플로어 스탠드, 테이블 스탠드 등 다양한 조명을 판매한다. 이케아에서 거실에 어울릴 멋진 조명을 찾자.

이케아 조명만으로 멋진 침실 만들기

침실의 조명은 오로지 디자인만 보고 선택하자. 침실 중앙에 볼륨이
큰 펜던트 조명을 적용하자. 라탄 스타일을 좋아한다면 '신넬리그' 형
태의 조명을, 소프트한 스타일을 좋아한다면 '쉬닝엔'이나 '크나파'
형태의 조명을 침실에 적용하자. 이외에도 '그림 소스' '세콘드' 등의
사이즈가 크면서 스타일이 좋은 펜던트 조명이 있다. 침실 중앙에 마
음에 쏙 드는 볼륨감 있는 펜던트 조명을 길이를 짧게 직부 형태처럼
설치하자. 펜던트 조명이 독특한 방등으로 변신하여 침실을 멋지게
만들어줄 것이다.

이케아의 '신넬리그' 조명 이케아에는 다양한 스타일의 펜던트 조명이 있다. 침실에
스타일을 잡아 그에 맞는 조명을 두면 분위기가 더해진다.

침대 헤드보드 위에 벽등도 설치하자. '오르스티드'와 '알렝'과 같이 패브릭 갓으로 된 부드러운 느낌의 벽등을 호텔처럼 우리 집 침실에도 적용하자. 펜던트 조명에 벽등을 더하면 공간의 아름다움이 배가된다.

이케아 조명만으로 멋진 아이 방 만들기

아이 방은 예쁜 조명을 많이 사용하여 밝기도 디자인도 둘 다 만족스러운 공간을 만들자. 침실과 같이 중앙에는 아이가 좋아하는 디자인의 펜던트를 방등으로 달아주자. 상상력을 자극하여 창의력을 길러줄 것이다. 펜던트 방등과 더불어 테이블 스탠드, 데스크 스탠드, 벽등도 아이 방에 적용하자. '이렇게 많은 조명을? 복잡해 보이지 않을까?'라는 생각이 들면 당장 이케아 오프라인 매장에 가서 아이 방 쇼

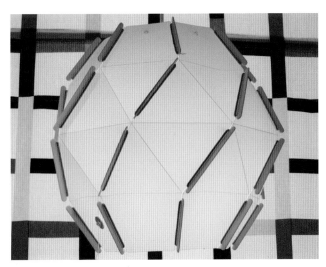

이케아의 '셰펜나' 조명 평범한 모양이 아닌 독특한 형태의 등을 아이 방에 놓자. 자연스레 아이의 상상력이 자랄 것이다. (사진 출처: Jay Tamboli)

룸을 둘러보자. 복잡해 보이는 공간이 아닌, 북유럽 감성이 고스란히 담긴 공간이 보일 것이다.

호텔 공간도 북유럽 공간도 다양한 조명을 많이 적용하지만 절대로 복잡해보이지 않는다. 오히려 아늑하고 고급스러워 보인다. 아이의 상상력을 자극할 수 있는 'IKEA PS 2014' 'IKEA PS 2017' '셰펜나' 등의 미래 지향적인 디자인 조명을 추천한다. 알록달록 캐릭터 조명이 아닌 형태와 색감이 미래 지향적인 조명을 아이 방에 세팅해주면 멋지면서 창의력도 키워주는 공간을 만들 수 있을 것이다.

이케아 조명만으로 멋진 욕실 만들기

욕실 조명의 포인트는 거울 조명이다. 천장에는 '외스타노' 같은 심플한 직부 조명을 설치하여 기본 밝기를 확보하고 거울 조명은 디자인을 고려하여 고르자.

거울에 연예인 조명이라 불리는 반짝반짝 빛나는 조명을 설치하자.

이케아의 '외스타노' 조명 욕실 거울 상단이나 옆에 조명을 설치하면 더욱 밝고 화려한 욕실을 접할 수 있다.

정말로 멋진 욕실이 만들어질 것이다. '레셰'라는 벽등이 이케아 홈페이지에 자세히 묘사되어 있다. 진주 목걸이를 닮은 디자인의 조명으로 욕실을 화려하게 장식할 수 있다. 밝은 빛이 넓게 퍼지는 확산 조명으로 거울과 세면대 주변을 비추면 아침에 세면대 앞에 섰을 때 기분 좋게 정신이 들고 저녁에는 긴장이 풀릴 것이다. 멋진 욕실을 위해 '레셰'를 적극 추천한다. 심플하고 간결한 디자인을 선호한다면 '셰프' '외스타노' 조명을 욕실 거울 상부에 설치할 것을 추천한다.

이케아 조명만으로 멋진 주방 만들기

이케아 천장 트랙 조명과 '스트룀리니에' 조리대 조명을 함께 설치하는 것을 추천한다. '라나르프' '뉘모네' '헥타르' 등의 다양한 트랙 조명 중에 공간에 어울리는 조명을 상부장 근처 천장에 설치한다. 이 자체로도 카페와 같은 아늑한 느낌의 공간이 만들어지겠지만 여기에 감성을 더하자.

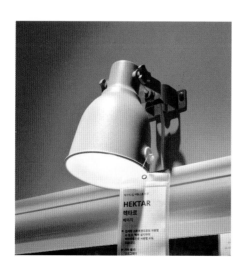

이케아의 '헥타르' 조명 '헥타르' 조명은 다크 그레이와 화이트 가운데 선택할 수 있다. 공간에 어울리는 조명을 고르자.

상부장 하부에 간접 조명 느낌을 낼 수 있는 조리대 조명을 설치하
자. 조리대 조명의 중요성을 알기에 이케아에서 상부장 하부에 설치
가 쉬운 간접 조명을 만들었다. 레일과 간접 조명이 함께 있는 우리
집 주방은 언제 봐도 멋진 공간일 것이다.

이케아 조명만으로 멋진 서재 만들기

서재는 독서와 업무를 보는 공간이므로 멋지면서도 간결한 공간으
로 만들어야 한다. '뉘모네' '베베'와 같은 심플한 형태의 직부나 레일
조명을 천장에 적용하자. 심플하면서도 감성적인 공간을 만들 수 있
다. 충분한 밝기를 직부나 레일 조명으로 확보한 후에는 플로어 스탠
드와 데스크 스탠드로 공간에 감성을 더하자. 서재에서 분위기를 담

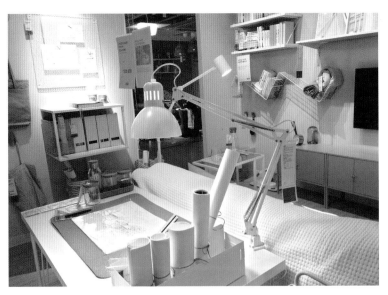

이케아의 데스크 스탠드 서재에 사용하는 스탠드 조명은 빛이 하나로 모아지는 것
으로 사용하자. 사방으로 퍼지는 데스크 스탠드는 업무를 보는 데는 적합하지 않다.

당하는 플로어 스탠드는 공간에 어울리는 형태의 마음에 드는 조명으로 고르자. 본인의 취향에 맞게 다소 화려해도 좋고 라탄 스타일로 골라도 좋다.

다만, 데스크 스탠드는 꼭 빛이 아래로 떨어지는 스틸 형태의 조명을 고르자. 그래야 책상에서 업무 및 독서를 할 경우 충분한 밝기를 확보할 수 있다. 심플하고 기능적인 데스크 스탠드를 공간에 세팅했다고 서재가 밋밋할 것이라고 생각하지 말자. 이미 디자인 요소를 갖춘 레일 조명과 플로어 스탠드를 서재에 적용했으니 충분히 멋질 것이다.

참고할 만한
조명 인테리어 사이트

B2B 프로젝트를 진행할 때 건축이나 인테리어 회사는 대부분 조감도나 CG 작업을 진행한다. 조감도 작업이란 설계한 대로, 적용하고자 하는 마감재를 실제 사용했을 때 어떤 느낌이 날지 컴퓨터로 재현하는 작업이다. 거주 공간도 조감도 작업을 할 수만 있다면 원하는 대로 공간을 컨트롤하기가 쉽다. 그러나 현실적으로 B2B 프로젝트는 금액을 지불하고 조감도 작업이 가능하지만 거주 공간을 진행하면서 별도의 비용을 들여 조감도 작업을 하기란 쉽지 않은 결정이다.

조감도 작업을 진행할 수 없다고 실망하지 않길 바란다. 좋은 대안이 있다. 조명 설계 회사도 조감도 비용을 별도로 책정하기 어려울 경우 보드 작업을 진행한다. 조명 설계 회사처럼 보드 작업을 진행한다면 선택한 조명이 공간에 적용되었을 때의 모습을 예측할 수 있다.

B2B 작업을 진행할 경우 '핀터레스트' '구글 이미지' 등의 해외 사이트를 활용하고 B2C 작업을 진행할 경우 '인테르니앤데코' '네이버 리빙판' 등의 국내 사이트를 활용한다. 거주 공간 조명 인테리어에는 '핀터레스트' '구글 이미지'로 공간을 시각화하고 '인테르니앤데코' '네이버 리빙판'을 조명을 선택하는 데 활용하자.

아파트에 입주할 때 인테리어와 조명 교체를 진행한다고 생각해보자. '핀터레스트' '구글 이미지' 등에서 마음에 드는 인테리어 관련 이미지를 살펴보다가 특별하게 마음에 드는 인테리어 이미지를 다섯 장 정도 저장하면 본인이 원하는 스타일이 어떤 것인지 깨닫게 될 것이다.

그 후 '인테르니' '네이버 리빙판' 등의 국내 사이트에서 유사한 인테리어 사진을 찾아보자. 여기까지 진행되었다면 예상 가능한 범위 내에서 마음에 드는 조명을 한결 수월하게 찾을 수 있다.

핀터레스트	www.pinterest.co.kr
구글 이미지	www.google.co.kr/imghp?hl=ko&ogbl
인테르니앤데코	www.internidecor.com
네이버 리빙판	www.naver.com

참고할 만한
명품 조명 회사 사이트

에르메스, 샤넬, 롤렉스처럼 조명에도 명품이 있다. 고가임에도 불구하고 예술품과 같은 아름다움을 공간에 제공하기에 신제품을 내놓자마자 세계 각지의 특급 호텔, 로열패밀리나 할리우드 연예인 집에 속속들이 적용된다.

또한, 모든 명품에는 복제품이 있듯이 명품 조명도 출시 동시에 전 세계 각지에 복제품이 발 빠르게 제작된다. 설계하는 사람으로서 되도록 복제품은 피하려고 노력하지만 상황에 따라 명품을 응용한 제품을 종종 사용한다. 명품을 즐겨 사지 않더라도 명품 디자인을 눈여

잉고 마우러의 '골든 리본' 강릉 씨마크호텔 로비에 잉고 마우러의 작품이 크게 놓여 있다. '골든 리본'이라는 작품으로 실내를 은은하게 비춘다.

겨봐야 트렌드를 읽을 수 있듯 조명을 바꾸기로 마음먹었다면 명품 조명 사이트를 자주 방문하여 조명에 대한 감각을 높이자.

독일의 '잉고 마우러(Ingo Maurer)'는 예술품과 동일하게 여겨지며 조명에 대한 깊은 철학을 가지고 있는 유명 조명 회사이다. 다소 고가이지만 예술품을 좋아하는 사람이라면 잉고 마우러 장식 조명을 추천한다.

이탈리아의 '플로스(Flos)' 조명 회사는 세계 유명 디자이너와 컬래버레이션 작업으로 매년 혁신적인 조명 제품을 선보이고 있다. 다양한 디자이너들과의 작업으로 트렌드를 앞서가는 조명을 선보이는 회사로 혁신적이고 미래 지향적인 디자인을 선호한다면 플로스의 장식

장식 조명과 일반 조명

조명은 크게 두 파트로 나누어진다. '장식 조명'과 '일반 조명'이다. 사실 '일반 조명'이란 말은 내가 만들어낸 단어다. 실무에서는 '장식 조명'과 '상업 조명'으로 나눈다. B2C 프로젝트를 진행할 때 일반 소비자에게 '상업 조명'이라 말하니 아름다운 매입 조명이나 간접 조명을 떠올리지 못하여 '일반 조명'이라고 알려줬다. 장식 조명은 공간에서 인테리어 측면을 담당하는 조명을 의미한다. 샹들리에, 펜던트 조명, 플로어 스탠드, 벽등이 장식 조명이다.

일반 조명은 공간에서 밝기의 역할을 담당하는 기능성 조명을 의미한다. 간접 조명, 매입 조명, 센서 조명, 직부 조명, 레일 조명이 일반 조명이다. 일반 조명도 장식 조명처럼 전 세계적으로 유명한 명품 조명이 있다. 일반 조명들은 공간에서 밝기의 기능을 주로 담당하지만 조명 테두리, 마감재 재료, 색상을 다양하게 적용하여 세련되게 제작되기도 한다. 유선형으로 곡선을 이루는 형태, 크기가 더욱 작아진 미니멀한 형태, 모듈을 결합하여 형태를 원하는 대로 구성할 수 있는 시스템 형태의 조명이 요즘 유행하는 일반 조명이다. 색상도 시대적인 트렌드를 반영하여 로즈골드 색상을 옵션으로 선택할 수 있다. 세계적으로 유명한 일반 조명 생산 업체로는 독일의 '에르코(Erco)', 오스트리아의 '줌토벨(Zumtobel)', 이탈리아의 '이구찌니(iGuzzini)', 벨기에의 '델타 조명(Delta Light)' 등이 있다.

조명을 추천한다.

잉고 마우러, 플로스 이외에도 스페인의 '비비아 조명(Vibia light)', 덴마크의 '루이스 폴센(Louis Poulsen)', 이탈리아의 '아르떼미데(Artemide)' 등의 명품 장식 조명 회사들이 있다. 명품 조명을 사지는 않더라도 조명을 고르기 전 한 번씩 둘러본다면 실제 사용할 조명을 고를 때 더 나은 선택으로 이끌어줄 것이다.

명품 장식 조명과 명품 일반 조명은 전 세계적으로 사용되기에 이를 보고 벤치마킹하자. 명품 조명 제작 회사 사이트에 들어가면 실제 공간에 적용되었을 때의 사례들이 잘 정리되어 있다. 명품 조명 사이트에 들어가서 조명을 둘러보다 마음에 드는 조명을 선택하여 실제 공간에 적용된 사진을 찾아 저장하자. 우리 집 공간에 적용할 조명을 고를 때 다양한 용도로 활용이 가능하다.

명품 조명 사이트에서 조명을 고르고 실제로 적용된 사진을 자주 보다 보면 같은 조명이 아니더라도 비슷한 조명을 우리 집에 적용했을 경우 공간의 이미지도 훨씬 쉽게 예측할 수 있다. 반대로 국내 사이트에서 마음에 드는 조명을 골랐는데 공간에 적용된 이미지가 없다면 명품 조명 사이트에 들어가서 제일 유사한 조명의 적용 사진을 찾아보자. 예측 가능한 사진을 보고 나면 훨씬 더 자신감 있게 조명을 공간에 적용할 수 있고 내가 바라던 공간을 완성할 수 있다.

잉고 마우러	www.ingo-maurer.com
플로스	www.flos.com
비비아 조명	www.vibia.com
루이스 폴센	www.louispoulsen.com
아르떼미데	www.artemide.com/en/home

참고할 만한
명품 조명 직구 사이트

명품 조명을 공간에 적용하기로 결정했다면 직구 사이트를 활용해보자. 직구나 해외 배송이라 하면 막연한 두려움을 갖는 사람들이 있는데 요즘 직구는 예전보다 훨씬 쉬워졌다. 몇 년 전만 해도 해외 직구를 할 때 번역기를 돌려가며 무한 인내심을 가지고 진행을 했으나 지금은 한국어 지원을 해주는 직구 사이트들이 생겨났다. 배송도 직배송을 하기 때문에 일주일이면 무난히 해외 명품 조명을 한국에서 받아 볼 수 있다.

한국어를 지원해주는 해외 직구 사이트는 '노르딕네스트'와 '로얄디자인'이 있다. '노르딕네스트'는 '북유럽을 만나는 가장 쉬운 방법'을 모토로 내세운 만큼 사이트도 사용하기 쉽게 구성해놓았고 한국어 버전을 지원하기 때문에 정말 편리하다. 25만 원 이상을 구입하면 무료 배송이고 실시간 재고가 있는 상품일 경우 일주일이면 받아볼 수 있다.

로얄디자인 사이트는 2018년 11월부터 한국 사이트를 따로 오픈했고 2019년 4월에는 한국어로 지원되는 한국 CS 센터를 운영하고 있다. 한층 더 편리하게 직구로 명품 조명을 구입할 수 있게 되었다. 25만 원 이상 구입시 무료 배송이고 '현재 바로 구매 가능' 제품을 구입하면 5~10일 안으로 배송받을 수 있다. 세일 카테고리를 활용하면 더 저렴하게 명품 조명을 구매할 수 있다. 회원가입 절차 없이 마음에 드는 제품을 장바구니에 담고 정보를 입력하고 결제하면 되기 때문에 주문 방식도 꽤 간편하다.

명품 조명을 오프라인 조명 가게에서 구매하는 것보다 해외 직구로 구매하는 것이 훨씬 저렴하므로 직구로 구매하길 추천한다. 직구에 능숙한 사람이라면 한국어 지원을 하지 않는 직구 사이트들까지 비교하며 명품 조명을 구매한다면 생각보다 저렴하게 명품 조명을 구매할 수 있을 것이다.

다만, 직구할 때 유의해야 할 점이 있다. 재고가 있는 상품들은 일주일 정도면 받아볼 수 있지만 그렇지 않은 제품들은 넉넉잡고 2~4주 정도 예상해야 하므로 기한을 넉넉히 잡고 구매해야 한다. 모든 일에는 변수가 항상 있을 수 있고 조명 제품이기에 배송 중에 파손이 되는 경우도 간혹 있어 기간을 좀 넉넉히 잡는 것이 좋다.

조명은 전자 제품이므로 전기안전법 때문에 동일한 제품을 2개 이상 주문하면 1개만 통관 처리되고 나머지는 폐기 처분되는 경우도 있으므로 나누어서 구매해야 한다. 형태는 동일하나 색상, 사이즈가 다를 경우에는 통관시 다른 제품으로 인식되기 때문에 합배송을 해도 괜찮다.

노르딕네스트　　www.nordicnest.kr
- 한국어 버전 지원
- 25만 원 이상 구입시 무료 배송
- 실시간 재고 상품 7일 이내 배송

로얄디자인　　www.royaldesign.kr
- 한국 사이트 오픈
- 한국어 지원 CS 센터 운영
- 25만 원 이상 구입시 무료 배송
- '현재 바로 구매 가능' 제품 5~10일 이내 배송
- 회원가입 필요 없음

조명이 인테리어의
완성도를 결정한다

아름다운 공간에서 살고 싶은 마음이 커서 이사할 때마다 인테리어를 새롭게 하는 편이다. 대공사는 하지 않고 마음에 들게끔 조금씩 수정하는 식으로 인테리어를 한다. 이번에 입주하는 집은 대체로 깔끔하여 전문가를 불러 욕실의 타일과 도기를 교체하고 올리브그린 색상의 중문을 설치했다. '조명을 바꿀까?' 잠시 생각했지만 간접 조명과 매입 조명이 거실에 세팅되어 있어 조명은 두기로 결정했다.

그런데 시간이 갈수록 거실 중앙을 차지하고 있는 네모난 거실등이 눈에 거슬렸다. 간접 조명과 매입 조명만 켜고 스탠드 조명을 주로 사용했으나 청소 및 바느질 등의 집안일을 할 때 거실등을 켜면 포근했던 분위기가 깨지면서 이도 저도 아닌 공간이 생겨났다.

'너무 너무 밝아. 눈이 아파.'
'왜? 거실 중앙에 네가 있니?'

어느새 거실 조명을 바꿀 온갖 핑계를 찾고 있었다. 방등도 마찬가지였다. 대체로 스탠드 조명만 켜고 생활하지만 가끔 방등을 켜면 우리 집의 아늑했던 느낌이 갑자기 차가운 사무실로 변해버렸다. 결국 거실등과 방등을 교체하기로 결정했다. 일반적인 층고가 높지 않은 거주 공간이기 때문에 샹들리에는 포기하고 호텔처럼 매입 조명을 설치했다. 일반 매입 조명이 아닌 폭이 얇고 길이감이 있는 감각적인 매입 조명을 설치했다. 인터넷에서 우리 집 근처 전기기사를 검색하여 매입 조명 설치를 의뢰했다. "이거 조명 맞나요? 꼭 라인 디퓨저 같네요."라고 말씀하시며 조명에 맞춰 천장을 타공해줬다. 모든 전기기사는 천장에 타공이라는 구멍을 뚫는 작업을 쉽게 한다. 거실에 얇고 가는 매입 조명을 두 개 설치했기 때문에 전선도 두 가닥으로 나누어줬다.

"이런 조명 처음 보는데? 너무 예쁘다."
"앉아서 보니 보석처럼 반짝반짝 빛나는 거 같아."

모두 감탄을 했다. 매입 조명이 보석처럼 아름다울 수 있다는 것을 누가 상상했겠는가? 유럽 사람들은 이런 아름다운 매입 조명을 흔하게 사용한다. 프로젝트를 같이 진행하는 인테리어 관계자에게도 우리 집 조명 사진을 보내봤다. "이 사진이 정말 우리나라 집 맞나요?" 라고 감탄하셨다.

감각적인 매입 조명으로 집을 황홀하게 대변신시킨 것이다. 글을 쓰는 이 순간이 매우 행복하다. 우리 집은 조명으로 아름답고 감성적인 공간으로 다시 태어났고 지금 이 순간 집이 아니라 카페에서 글을 쓰고 있다는 착각이 든다.

요즘 기업 회장의 집이나 별장 조명 설계 의뢰를 종종 받는다. 상업 공간이나 호텔은 조명이 중요하기에 별도의 돈을 지불하며 우리 같은 조명 전문가에게 공간을 의뢰한다. 거주 공간은 아무리 비싼 집이라도 상업 공간이나 호텔처럼 규모가 크지 않기에 별도의 조명 전문가에게 추가 금액을 지불하는 것은 쉽지 않은 결정이다. 조명의 중요성을 잘 아는 고객일수록 본인의 거주 공간 인테리어를 하거나 신축

책장에 적용한 간접 조명 다양한 공간에 세심하게 조명을 적용하자. 무심코 지나친 공간이 특별하고 행복한 곳으로 재탄생할 것이다.

을 할 경우 제대로 비용을 지불해가며 조명 전문가를 부른다.

"디자인도 잘해주고, 특히 나는 눈부신 게 싫어요."
"조명 기구가 겉으로 드러나는 건 싫어요."
"패브릭 소재를 많이 활용해주세요."

확실한 취향을 언급한 후 대부분은 전문가의 의견을 존중해준다. 조명은 인테리어 분야이기도 하지만 건축의 한 분야이기도 하다. 대학에서 건축을 전공했으며 건축학과에서 조명에 대해 배운 덕분에 다른 조명 설계가보다는 공간과 빛에 대한 이해도가 조금은 더 있다고 생각한다. 조명은 디자인과 외형도 중요하지만 빛의 시각적인 면이 더 중요할 수 있다. 맛있지만 건강에 해로운 인스턴트 식품은 멀리해야 하는 것처럼 겉모습이 아름답기만 한 조명은 다시 한 번 생각해봐야 한다.

조명은 디자인과 밝기 측면이 모두 고려되어야 하는 종합 예술이다. 그러하기에 건축의 한 분야인 것이다. 건축물이 외형만 아름답고 견고하지 않으면 사람이 살 수 없는 불필요한 건축물이 되듯이 조명도 마찬가지이다. 외형 디자인만 아름답고 빛의 밝기가 시각적으로 편하지 않으면 눈 건강에 좋지 않은 거주 공간이 탄생하고 만다. 그러기에 이러한 사실을 잘 알고 있는 고객은 조명 전문가를 불러 아름다우면서도 시각적으로 편안한 공간을 만들어달라고 부탁하는 것이다. 이런 측면까지 공간에 대한 세심한 배려가 있어야 완성도 높은

공간을 완성하는 조명　서울의 밤은 수많은 건물에서 나오는 불빛으로 채워진다. 늘 보이는 풍경이라 평소에는 인식하지 못하지만, 서울의 야경은 아름다움과 편안함을 선사해준다.

주거 환경이 탄생한다.

조명은 공간을 완성해준다. 옷 잘 입기로 유명한 사람들이 다양한 액세서리로 패션을 완성하듯 공간의 완성은 조명으로 이루어진다. 낮에는 조명 디자인 그 자체로 공간에 포인트를 주며 밤에는 빛의 부여로 환상적인 공간을 만들어준다. 현대 사회는 조명을 늘 곁에 두고 살고 있기에 평소에 조명의 존재를 인식하지 못한다.

어린 시절을 떠올려보면, 당시 그 누구도 맑고 깨끗한 공기를 이야기하는 사람을 본 적이 없다. "비가 오니 우산 챙겨라." "눈이 오니 조심하렴." 당장 신상에 영향을 끼치는 날씨에 관한 이야기에만 관심을 집중했다. 지금은 아침에 날씨보다도 미세먼지를 먼저 살펴보고 있다. 사람들은 어떤 이변이나 갑작스런 현상이 생기면 그때서야 그 문제에 대해 주목하거나 이슈화한다. 미세먼지라는 복병이 생기니 뒤늦게 사회에서는 맑고 깨끗한 공기에 대한 소중함을 일깨워주고 있다.

조명도 마찬가지이다. 조명은 집의 완성도를 결정할 뿐만 아니라 시각적으로 매우 중요하다. 조명은 공기처럼 중요하고 늘 우리 곁에서 사용되고 있지만 그다지 중요하다는 인식을 하지 못하고 있다. 그동안 여러 전문가들과 다양한 공간을 작업했다. 전기 전문가와 작업을 하면 대부분 밝기에만 초점을 맞추기에 공간이 환하기는 하지만 특별하지는 않았다. 건축가나 인테리어 전문가와 함께 작업하면 그 공간은 특별함을 넘어 완벽한 공간이 된다.

완벽한 공간은 감성적으로도 아름답지만 시각적인 편안함을 준다. 단순히 아름다움에 그치는 것이 아니다. 아직은 우리가 조명의 역할을 미적인 점에만 두지만 질적인 면을 생각하는 시대가 반드시 올 것이다. 조명에 오래 종사한 사람으로서 단언하건대, 조명의 완성도가 높은 공간에서 생활하는 사람은 불면증이 있을 수도 없고 우울증이

올 수도 없다고 확신한다.

불면증, 우울증과 같은 강한 단어를 사용했지만 만약 '조명과 건강'에 대한 연구가 진행된다면 깜짝 놀랄 만한 결과가 나올 것이다. 조명은 눈 건강뿐만 아니라 긴장감, 스트레스 등의 다른 건강에도 영향을 미치기 때문이다. 감성과 건강을 위해 공간에 조명을 다양하고 세심하게 적용하길 바란다. 조명을 통해 공간의 완성도를 높일수록 그 속에 사는 사람들의 감성도, 건강도, 행복 지수도 반드시 높아질 것이다.

*

셀프 조명 인테리어
시뮬레이션

84m²에서 할 수 있는
조명 인테리어 시뮬레이션

거실 조명 인테리어 예시

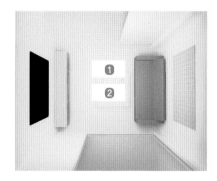 

①② 엣지 스타일 거실등

인테리어 분위기에 맞는 스타일을 선택하되 기능적인 면은 LED가 조명 기구 사이드에서 발광하여 빛이 부드럽게 공간으로 조사되는 엣지 스타일의 조명을 추천한다.

84m²의 거실에서 거실등 스타일 조명의 밝기는 충분하므로 큰 사이즈 조명 한 개를 설치하는 것보다 작은 크기의 조명을 두 개 설치하여 회로 분리를 한다. 스위치의 회로 분리로 거실등을 연결하여 조명 두 개를 상황에 맞게 켤 수 있도록 세팅한다.

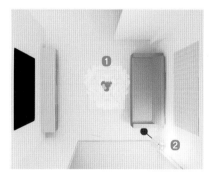 

① 장식 거실등
② 플로어 스탠드

오브제 스타일의 장식 조명을 거실에 활용하면 조명 기구 하나로도 공간의 감성을 바꿀 수 있다. 다만 거주 공간의 높이에 맞춰 높이 50cm 이하의 조명 기구를 추천한다. 만약, 일반 거실등에 비해 밝기가 부족하다고 생각되면 스탠드 조명을 활용하여 보완할 수 있다.

밝기도 보완되고 분위기 또한 달라질 수 있다. 플로어 스탠드만 켜면 우리 집 거실에서 은은하고 감성적인 분위기를 만끽할 수 있다.

침실 조명 인테리어 예시

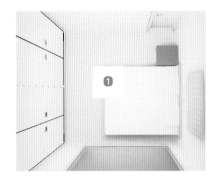

❶ 엣지 스타일 방등

84m²의 침실에서 방등 활용시 밝기는 충분하므로 시각적인 편안함과 디자인에 집중하는 것을 추천한다. 인테리어 분위기에 맞는 디자인을 선택하되 LED가 조명 기구 옆에서 발광하여 빛이 부드럽게 공간으로 조사되는 엣지 스타일의 조명을 추천한다.

❶ 장식 방등
❷ 테이블 스탠드

오브제 스타일의 장식 조명을 침실에 활용하면 조명 기구 하나만으로 공간의 감성을 바꿀 수 있다. 거주 공간의 높이에 맞춰 조명 기구 높이가 50cm 이하의 조명 기구를 추천한다. 밝기가 걱정이 된다면 스탠드를 활용하여 보완할 수 있다.

테이블 스탠드를 협탁 위에 활용한다면 밝기도 보완할 수 있지만 분위기 또한 업그레이드할 수 있다.

109～131m²에서 할 수 있는
조명 인테리어 시뮬레이션

거실 조명 인테리어 예시

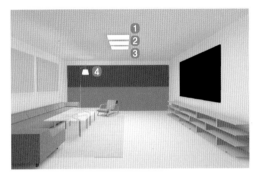

❶❷❸ 엣지 스타일 거실등(회로 분리)

❹ 플로어 스탠드

밝기는 충분하므로 큰 사이즈 조명 하나를 설치하기보다 작은 크기의 조명을 세 개 정도를 설치하여 회로를 분리한다. 스위치의 회로 분리로 거실등을 연결하여 조명을 1~3개를 상황에 맞게 켤 수 있도록 한다.

거실의 크기가 비교적 크므로 확장 플로어 스탠드를 활용하면 필요한 조도를 보완할 수도 있고 분위기도 살릴 수 있다.

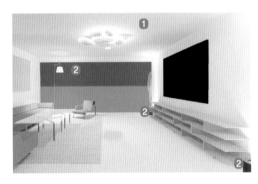

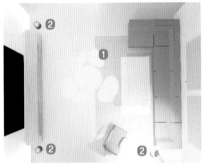

❶ 장식 거실등

❷ 플로어 스탠드

오브제 스타일의 장식 조명을 거실에 활용하면 조명 기구 하나만으로도 큰 공간이 확 변화한다.

만약, 일반 거실등에 비해 밝기가 부족하면 스탠드를 활용하여 보완할 수 있다.

109m² 이상 집의 거실은 공간이 커서 플로어 스탠드를 두 종류 이상 사용하는 것을 추천한다. 소파 옆쪽에는 확장 스탠드로 소파 쪽 조도를 보완하고 맞은편 장식장 옆에는 오브제 스타일의 플로어 스탠드를 활용해 밝게 만들고 분위기도 살릴 수 있다.

침실 조명 인테리어 예시

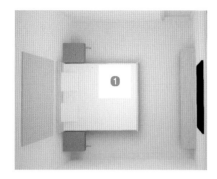

❶ 엣지 스타일 방등

밝기는 충분하므로 디자인과 시각적인 편안함에 집중하는 것을 추천한다. 디자인은 인테리어 분위기에 맞는 스타일로 선택하고 기능적인 면은 LED가 조명 기구 옆쪽에서 발광하여 빛이 부드럽게 공간으로 조사되는 엣지 스타일의 조명을 추천한다.

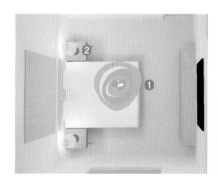

❶ 장식 거실등(회로 분리)
❷ 테이블 스탠드

장식 조명을 침실에 활용하면 조명 기구 하나만으로 공간의 감성을 바꿀 수 있다. 만약, 밝기가 걱정이 된다면 스탠드를 활용하여 보완할 수 있다.

109㎡ 이상 집의 침실은 공간이 크기 때문에 침대 양측에 테이블 스탠드를 두 개 활용하면 밝기도 보완하면서 균형감 있는 공간감을 느낄 수 있다.

공간 기능별
조명 인테리어 시뮬레이션

거실 조명 인테리어 예시

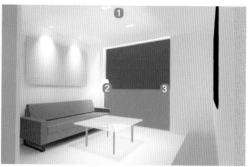

1 원형 매입 조명
2 플로어 스탠드
3 커튼 박스 간접 조명

원형 매입 조명을 거실에 활용시 벽측에 각도 조절 매입 조명으로 그림 또는 액자를 비추어주면 공간이 화사하면서도 공간감이 느껴지는 감각적인 거실 분위기를 만들 수 있다.

또한 거실 중앙에도 배치시 매입 조명을 균등 배열로 두지 않고 2개 또는 3개를 군집으로 배열하면 세련된 천장을 만들 수 있다.

커튼 박스에 간접 조명을 설치하고 거실 코너에 플로어 스탠드를 활용한다면 부족한 조도를 보완할 수 있으면서도 감각적인 거실의 분위기를 만들 수 있다.

10cm 전후의 미니멀한 매입 조명을 선택한다면 깔끔하면서도 세련된 천장의 분위기를 더할 수 있다.

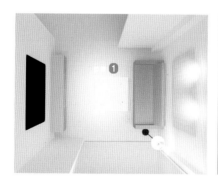

1 사각 매입 조명

사각 매입 조명을 공간에 활용한다면 한층 더 모던한 감성을 자아낼 수 있다.

침실 조명 인테리어 예시

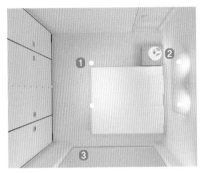 

① 원형 매입 조명

② 테이블 스탠드

③ 커튼 박스 간접 조명

원형 매입 조명을 침실에 활용시 벽측에 각도 조절 매입 조명으로 그림 또는 액자를 비추어주면서 중앙에 별도로 두면 세련되면서도 고급스러운 호텔과 같은 분위기를 자아낼 수 있다.

커튼 박스에 간접 조명을 설치하고 침대 옆에 테이블 스탠드를 활용한다면 부족한 조도를 보완할 수 있으면서도 감각적인 침실의 분위기를 만들 수 있다.

10cm 전후의 미니멀한 매입 조명을 선택한다면 깔끔하면서도 세련된 천장의 분위기를 만들 수 있다.

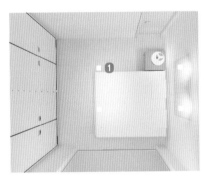 

① 사각 매입 조명

사각 매입 조명을 공간에 활용한다면 한층 더 모던한 감성을 자아낼 수 있다.

서재 조명 인테리어 예시

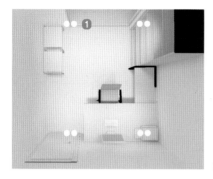

❶ 원형 매입 조명

원형 매입 조명을 서재에 활용시 균등 배열하지 않고 2개 또는 3개를 군집으로 배열하면 세련된 천장을 만들 수 있고 조도 또한 두 배로 확보할 수 있다.

매입 조명을 중앙이 아닌 벽측으로 배열하면 책상 바로 이에 조명이 조사되는 효과를 볼 수 있다. 만약 조도가 부족하다는 생각이 든다면 데스크 스탠드를 활용하는 것을 추천한다.

10cm 전후의 미니멀한 매입 조명을 선택한다면 깔끔하면서도 세련된 분위기를 더할 수 있다.

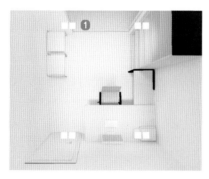

❶ 사각 매입 조명

사각 매입 조명을 공간에 활용한다면 한층 더 모던한 감성을 자아낼 수 있다.

주방 조명 인테리어 예시

❶ 원형 매입 조명

원형 매입 조명을 주방에 활용시 균등 배열하지 않고 2개 또는 3개를 군집으로 배열하면 세련된 천장을 만들 수 있고 조도 또한 두 배로 확보할 수 있다. 만약 조도가 부족하다는 생각이 든다면 상부장 하부에 간접 조명을 설치하는 것을 추천한다.

　10cm 전후의 미니멀한 매입 조명을 선택한다면 깔끔하면서도 세련된 분위기를 더할 수 있다.

❶ 사각 매입 조명

사각 매입 조명을 공간에 활용한다면 한층 더 모던한 감성을 자아낼 수 있다.

욕실 조명 인테리어 예시

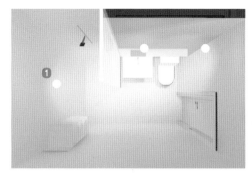

❶ 원형 매입 조명

욕실의 매입 조명은 배치가 중요하다. 매입 조명은 호텔과 같이 세면대 바로 위에 설치해야 거울을 좀 더 용이하게 사용할 수 있다. 샤워부스 안의 매입 조명은 유지 보수를 위하여 방습 기능이 있는 조명을 추천한다. 10cm 전후의 미니멀한 매입 조명을 선택한다면 깔끔하면서도 세련된 분위기를 더할 수 있다.

부드러운 빛을 내기 위해 거울 뒤에 간접 조명을 설치하거나 조명 일체와 거울을 사용하길 추천한다.

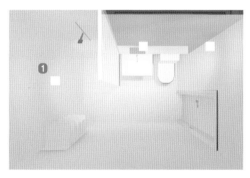

❶ 사각 매입 조명

사각 매입 조명을 공간에 활용한다면 한층 모던한 감성을 만들 수 있다.

색감별 조명 인테리어
시뮬레이션

주광색 활용 인테리어

밝고 환한 분위기를 선호한다면 주광색을 공간에 적용하는 것을 추천한다. 주광색도 수치가 너무 올라가면 푸른빛이 느껴지므로 5700~6500K 사이의 주광색을 추천한다.

메인 조명(방등, 거실등, 매입 조명)을 주광색으로 적용하고 장식 조명 (스탠드 조명, 펜던트 조명)을 주백색으로 사용하면 공간에 따뜻한 분위기 의 감성을 부여할 수 있다.

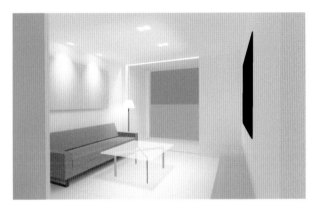

거실

침실

주백색 활용 인테리어

고급스러우면서도 화사한 분위기를 공간에 부여하고 싶다면 주백색을 추천한다. 크림색의 빛의 색상이라고 생각하면 좋다. 색 온도는 4000K를 추천한다. 장식 조명을 전구색으로 사용한다면 공간에 따뜻함을 더욱 부여할 수 있다.

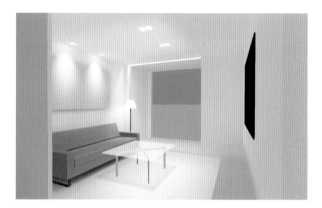

거실

침실

전구색 활용 인테리어

호텔과 같은 고급스러우면서도 따뜻한 감성을 공간에 부여하고 싶다면 전구색을 추천한다. 다만 주거 공간에서는 활동적인 생활도 이루어지기 때문에 메인 조명은 전구색 중에서도 살짝 환한 느낌의 3000K를 추천한다. 장식 조명은 2700K로 사용한다면 호텔과 같은 고급스러운 따뜻함을 공간에 부여할 수 있다.

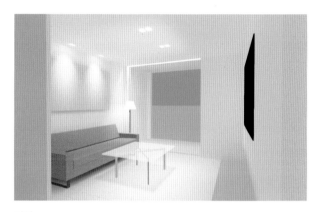

거실

침실

조명만 바꾸어도 모두가
부러워하는 공간이 된다

이제는 인테리어가 대중화되었고 누구든 맘만 먹으면 접근이 쉬운 것으로 인식이 바뀌었다. 몇 년 전만 해도 신혼집을 꾸미거나 너무 낡은 집으로 이사할 때에만 인테리어를 진행했다. 지금은 분위기 전환상 또는 계절에 맞춰 인테리어를 새롭게 바꾸려는 사람들이 늘고 있는 추세다.

예전에는 인테리어 하면 마치 비싼 문화처럼 인식되었다. 셀프 인테리어 제품도 드물었고 수입 자재 위주였기에 인테리어 예산도 높게 잡았다. 그리고 지금처럼 개인 주거 공간을 진행하는 괜찮은 업체들도 드물었다. 지금은 대한민국 GDP도 높아졌고 괜찮은 인테리어 회사가 B2C 시장으로 눈을 돌리면서 보다 접근이 쉬워졌다.

명품과 똑같은 현상이다. 사람들의 생활 수준도 높아졌고, 중고 명품, 명품 대여 등으로 명품에 대한 접근이 쉬워지면서 현재는 명품이라 하면 하나쯤 가지고 있는 대중적 요소로 자리잡고 있다. 인테리어 분야도 가성비 좋게 시장이 변화하면서 잠재적 소비자들이 폭발적으로 인테리어 시장을 성장시키고 있다.

그러나 조명만은 아직 시기상조다. 아직까지 조명 설계라는 분야가 대중화되지 못하였으며 조명 설계 분야에 대한 연구가 전문적으로 이루어지지 않은 상태다. 고급 프로젝트 진행은 인테리어 전문가와 조명 전문가의 협업으로 진행된다. 조명 전문가와 협업하는 이유는 공간에 색다른 조명을 적용해야 발주처가 만족하는 공간이 만들어지기 때문이다. 발주처가 만족할 수 있는 공간은 그 공간에 초대된 이들에게도 강렬한 인상을 줄 수 있다. 다른 집과 차별화된 공간에 초대된 손님들이 기분 좋아하며 '나도 이런 공간을 만들고 싶다.'고 부러워할 정도면 성공이다.

무엇보다 인식의 발상이 중요하다. 비싼 돈을 들여야만 품격 있는 조명을 설치할 수 있는 게 아니고 관심만 가진다면 대중화되기 전에 조명 문화를 미리 향유할 수 있다. 아직 다른 사람이 잘 모르는 조명 세계에 관심을 가지며 발 빠르게 조명을 바꿔보자. 조명 인테리어라는 것을 아직 잘 모르는 대부분의 사람에게 부러움을 살 수 있는 공간을 만들 수 있다.

대형 인테리어 회사에 실장으로 근무하는 지인이 있다. 종종 만나서 담소도 나누고 일에 대한 이야기를 나누는데 관심사가 비슷하여 만나면 시간 가는 줄 모른다. 하루는 지인이 "보통 샹들리에는 얼마나 하지?"라는 질문했다. 샹들리에는 모양과 크기에 따라 금액이 천차만별이라 하니 구체적인 이야기를 하기 시작했다. 친구 집에 놀러 갔는데 거실에 멋진 샹들리에가 설치되어 있어 그 친구를 다시 보게 되었다는 것이다. 평범한 회사원인 줄 알았는데 공간에 그렇게 고가의 조명을 투자한 친구를 보며 부럽기도 하고 대단하다는 생각이 들었다고 했다. 게다가 그 조명이 몇천만 원 되어 보인다는 이야기도 덧붙였다.

몇천만 원까지는 아니어도 몇백만 원 정도 나가는 샹들리에였을 것이다. 여기서 중요한 점은 거실에 샹들리에를 달았다는 점이다. 지인은 인테리어 종사자이면서도 이런 생각조차 못 했는데, 친구의 과감한 시도에 다소 충격을 받았다. 명품 가구를 공간에 들이는 사람은 많지만 아직까지 조명에 투자하는 사람은 많지 않다. 누구나 도전하지 않을 때가 기회이듯 관심에만 머물지 말고 과감하게 자신의 공간에 원하는 조명을 적용하자.

최근에는 펜던트 조명(식탁 조명)을 바꿨다. 대기업 프로젝트에 적용했던 펜던트 조명이 너무 마음에 들어 몇 개 더 제작했다. 나는 종종 마음에 드는 조명을 발견하면 나도 사용하고 지인들에게도 선물하려고 여러 개 구입한다. 우리 집 펜던트 조명을 바꾸고 사진을 찍어 선물하고 싶은 지인에게 보냈다. 바로 답장이 왔다. "별도로 하나만 구해줄 수 있냐."고 부탁해왔다. "선물로 주려고 준비해놨다."라고 하니 너무나도 기뻐했다.

잠깐 재밌는 이야기를 하려고 한다. 국적을 막론하고 모든 사람들은 인테리어를 새로 했을 때 본인 만족감도 중요하지만 남에게 자랑하고 싶은 마음도 강하게 드는 법이다. 비즈니스 사업차 중국을 방문한 적 있다. 제작을 의뢰한 조명의 마감재 색상에 대한 협의차 방문했는데 중국 공장 사장이 본인이 개발하여 현재 중국에서 히트하고 있는 제품이라며 한 펜던트 조명을 보여주었다.

중국 사장이 만든 펜던트 조명이 모양은 평범하고 심플했다. 포인트는 빨주노초파남보 무지개색으로 조명 색상이 변하고 있는 것이었다. "괜찮냐."는 질문에 대답하기가 다소 난감했다. 한국에서 반응은 어떨 것 같냐는 질문에 솔직하게 이야기할 수밖에 없었다. 상업적인 특수한 공간 빼고는 한국의 거주 공간에는 적용하기 약간 어려울 것 같다는 이야기를 해주었다.

궁금해서 "이 형형색색의 펜던트 조명이 중국에서 많이 팔리는 이유가 무엇이냐."고 물어봤다. 중국에서는 인테리어를 새롭게 한 후에 집들이할 때 손님한테 리모컨으로 색상 변하는 걸 보여주면서 우리 집에는 이런 것도 있다고 자랑하기 위해서 사간다고 이야기해주었다. 한국과 중국이 선호하는 디자인은 다르지만 인테리어한 후에 모두가 부러워하는 공간을 만들고 싶어하는 점은 똑같았다. 중국이 좀 더 확실하고 극적인 것을 좋아하는 것 같다.

내가 부러워하는 공간이 두 곳이 있다. 일부러 밤에만 들르는 한정 식집이 있다. 그 한정식집을 가기 위해서는 약간의 언덕을 올라가야 한다. 오솔길 느낌이 나는 언덕인데, 이 길을 따라 고급 리조트에서 볼 수 있는 볼라드(낮은 정원등) 조명이 은은하게 비추고 있다. 식당을 가기 위해 그곳을 통과하면 휴양지 리조트에서 휴식을 취하며 느꼈던 기분 좋은 경험이 떠오른다. 자연에서 은은하게 빛나는 조명의 아름다움, 이러한 조명을 내 삶에 옮겨놓고 싶은 욕망이 솟아오른다.

전원주택에 살고 있는 사람은 충분히 이러한 감성을 누릴 수 있다. 만약 전원주택에 살고 있다면 볼라드 조명을 설치해볼 것을 강력 추천한다.

볼라드 조명(낮은 정원등) 정원등이 은은하게 비추고 있는 마당은 걷기만 해도 기분이 좋아진다.

샹들리에 보석처럼 영롱하게 빛나는 샹들리에가 걸려 있는 공간은 모두가 부러워하는 환상적인 공간이다.

또 내가 부러워하는 공간은 복층 공간이다. 얼마 전 한강이 보이는 복층 펜트하우스 설계를 진행하면서 길게 주렁주렁 구슬이 내려오는 샹들리에를 고르며 너무 행복했다. 특히 빛줄기가 구슬구슬 대롱대롱 맺히며 내려오는 조명을 보면 마치 하늘에서 보석이 쏟아지고 있는 듯한 착각이 든다. 영롱하게 빛나는 크리스털이 방울방울 공간에 떠 있는 모습을 상상해보자. 너무나도 환상적이다. 복층 펜트하우스를 설계할 때면 한강이 보이는 창보다 샹들리에를 설치할 수 있는 공간의 높이와 크기가 너무 부럽다.

모두 충분히 누구나 부러워하는 공간을 만들 수 있다. 조명을 과감하게 바꾸자. 인테리어의 마지막은 조명임을 명심하자. 남들보다 조금만 더 노력해서 조금만 더 발 빠르게 트렌디한 조명으로 공간에 활력을 불어넣으면 누구나 부러워하는 집에 살 수 있다.

나의 공간이, 일상이
반짝인다

'조명'이라는 단어는 조명의 의미를 모두 표현하기에 부족한 언어다. 조명이라 부르면 빛이라는 의미가 희석되는 것 같은 느낌이 들어 항상 '좋은 단어가 없을까?' 하는 고민에 빠지곤 한다. 그래서 조명을 '빛을 담고 있는 오브제'라고 부르지만 이마저도 한 단어로 정리할 수 없다는 것이 아쉬울 뿐이다.

운명이라면 운명일까? 우연히 조명을 접하게 되었고 이제는 필연을 넘어 조명과 빛이 마치 몸과 마음의 일부로 느껴지기도 한다. 조명 인테리어를 하면 할수록, 조명은 공간뿐 아니라 그 공간에 사는 사람을 변화시키는 존재라는 생각이 든다. 조명에 많은 애정과 노력을 기울일수록 공간은 황홀해진다.

공간을 사랑하고, '빛을 담고 있는 오브제'인 조명까지 사랑해보면 어떨까? 공간에 어떤 모양의 조명이 어울리는지, 나는 어떤 색감을 좋아하는지를 생각하면서 나만의 조명을 찾아 빛으로 채워주자. 나만의 특별한 빛으로 채운 공간 덕분에 일상은 더욱 반짝일 것이다.

조명 설계가
김은희

조명 인테리어 셀프 교과서

공간과 일상이 빛나는 스탠드, 레일, 포인트, 펜던트 조명 연출법

1판 1쇄 펴낸 날 2021년 7월 5일
1판 2쇄 펴낸 날 2023년 4월 5일

지은이   김은희

펴낸이   박윤태
펴낸곳   보누스
등   록   2001년 8월 17일 제313-2002-179호
주   소   서울시 마포구 동교로12안길 31 보누스 4층
전   화   02-333-3114
팩   스   02-3143-3254
이메일   bonus@bonusbook.co.kr

ISBN   978-89-6494-500-1 13590